恐竜博士のめまぐるしくも愉快な日常

ブックマン社

もくじ

※本書は、2019年6月現在の情報に基づいて作成しています。

※本書に収録されている漫画は、著者のエピソードや考えなどをベースにしていますが、状況やセリフ、人物像など、事実とは異なる場合があります。

はじめに

アメリカのオレゴン大学でコンピューターサイエンスを教えていたケント・スティーブンスさんは、学生が少しでも積極的に取り組んでくれるようにと、恐竜を題材にした宿題をよく出していたそうです。あるとき、ティラノサウルスがしゃがんだ状態《じょうたい》から立ち上がるプログラム作りを宿題にしたところ、学生たちから思いもよらない言葉が飛び出しました。

「ティラノサウルスは、立ち上がれません」

そこで、先生が自ら検証《けんしょう》してみると、重心の真上に重い頭がある人間とはちがい、重い頭が前方に突《つ》き出ているティラノサウルスは、そのまま膝《ひざ》を伸《の》ばすように立ち上がるのは困難《こんなん》であることがわかりました。素早《すばや》く立ち上がるためには、短い前あしを地面について、腕《うで》の力も使う必要があったのではないか――。ティラノサウルスの短すぎる前あしは、口に獲物《えもの》を運ぼうとしても届《とど》かないので使い物にならないし、転んだときにも手よりも先に顔面が地面に叩《たた》きつけられるので、何の役にも立たないと考えられてきました。しかし、毎日起き上がるときにはなくてはならないものだったのかもしれません。

この発見に、僕は「恐竜学」というもののおもしろさを感じています。

じつは、「恐竜学」は学問の名前としては正式なものではなく、恐竜の研究は古生物学の一部にすぎません。しかし、古生物学がある種、専門性《せんもんせい》の高い学問と認識《にんしき》されているのに対し、恐竜はその枠《わく》を大きく超《こ》えることがあります。コンピューターサイエンスという、特に恐竜が専門であるわけではないジャンルで題材になるのは、恐竜がそれだけ広く共有できる魅力《みりょく》をもった生物であるからでしょう。そしてそこで、新しい発見が生まれた。このように、恐竜の魅力が通常《つうじょう》の古生物学を超えるような展開《てんかい》を生み出すとき、これぞまさに「恐竜学」であるな、と僕は思うのです。

国立科学博物館の地球館地下1階に展示されているティラノサウルスは、まさにこの「しゃがんで休んでいる」姿勢《しせい》を想定して組み立てられたものです。ティラノサウルスがそのましゃがむと、骨盤《こつばん》の恥骨《ちこつ》という骨の先端《せんたん》が地面に接地《せっち》して、左右の足とこの恥骨が三脚《さんきゃく》のような役割《やくわり》をして安定して座《すわ》れたと考えられています。

この骨格が展示されると、新しい仮説《かせつ》を検証する研究も行なわれるようになりました。また美《び》術《じゅつ》の方面からも、この骨格から刺激《しげき》を受けたという方たちの声が聞かれます。そして何よりも、来館者のみなさんがこの展示の前で「しゃがんだティラノサウルス」について会話をしてくださっているのを見つけるたびに、うれしく思っています。

この本では、そんな「恐竜学」について、僕の考えや、日々行なっていることをエッセイにしました。この本を手に取ってくださるのは恐竜好きな方たちばかりだと思うので、僕の経験《けいけん》や視《し》点《てん》にはさほど参考になるようなことは今さらないかもしれません。「これって、ちがうんじゃないかな？」と思うところもあるかもしれませんが、そんなふうに考えることによって、真鍋を超えていってくれるのではないかと思っています。

そんな明日を願って、僕の話にしばしお付き合いいただけたらうれしいです。

第1章

旅好き少年と恐竜の出会い

僕が恐竜に出会うまで

都会っ子の日常

僕が生まれ育ったのは、東京の真ん中です。

１９６０年代の東京は、今とくらべればまだそれなりに自然も残っていましたが、やはり田舎《いなか》にはかないませんね。夏休みになると、両親の故郷《こきょう》である愛媛《えひめ》県によく遊びに行きました。すると、山や川があって、海がある。全然景色がちがっていました。

そうした自然の風景が好きだったせいでしょうか、僕は、いつしか旅行好きの子どもになっていました。カメラを持って、電車であちこち行ったものです。

「ＳＬ」といっても今の子どもたちにはわからないかもしれませんが、蒸気機関車《じょうききかんしゃ》のことです。

僕が小学生になったのは、ちょうどこのＳＬが次々と廃止《はいし》になる時期でした。ＳＬの写真を撮《と》

りに、北海道《ほっかいどう》や九州《きゅうしゅう》まで出かけたこともあります。

正直にいいますと、恐竜を好きだった記憶《きおく》はありません。

でも、生き物は幼《おさな》いころから好きでした。

生まれてからずっとマンション暮《ぐ》らしだったため、ちゃんと生き物を飼《か》った経験《けいけん》はありませんが、市ヶ谷に今もある釣《つ》り堀《ぼり》で魚釣りをしたり、新宿御苑《しんじゅくぎょえん》の池でよくザリガニ釣りをしたのを覚えています。

友達のなかには、縁日《えんにち》で売っているヒヨコを家で育てていた子もいましたが、そこまでは僕にはできなかった。ヒヨコはかわいいけれど、ニワトリに成長したら飼うのが大変です。

ただ、チャボを家で世話したことはあります。

僕が通っていた千代田区の小学校には、飼育部《しいくぶ》という部がありました。その部員だった僕はチャボの担当《たんとう》になり、毎日エサをあげていました。もちろん、いつもは飼育小屋で世話をするのですが、夏休みの間は先生に許可《きょか》をもらって、家で世話をすることにしたのです。

ところが、そのチャボはオスだったので、けっこうな大声で鳴くのです。最初は自分の部屋で面倒《めんどう》をみていたのですが、たまらずマンションの屋上にケージを置かせてもらうことになりました。そしてたまにケージから出して遊ばせていたのですが、そうすると、よその家の盆栽《ぼんさい》をつついたりする。謝《あやま》ったり、知らん顔したりして（ごめんなさい）、ひと夏だけの飼育でしたが、あれは大変でした。

生き物はだいたいなんでも好きで、昆虫ももちろん好きでした。

カエルも平気で、気持ち悪いと思ったことはありません。これは、学校でオタマジャクシを飼育したおかげかもしれません。

ただ、唯一《ゆいいつ》苦手だったのはヘビです。大きな理由は、毒《どく》だと思います。厳密《げんみつ》にいえば、毒をもつ動物はヘビだけではありません。海外には毒をもつカエルもいます。でも日本ではあまり見かけません。やはり毒といえば、毒ヘビの印象《いんしょう》が強いです。そのせいで、ヘビはみんな怖《こわ》い生き物だと思っていたのかもしれません。

今は仕事でヘビを触《さわ》ることも多いのでもちろん大丈夫ですが、でも、毒ヘビは今でもあまり触りたくはないですね。

苦手な生き物

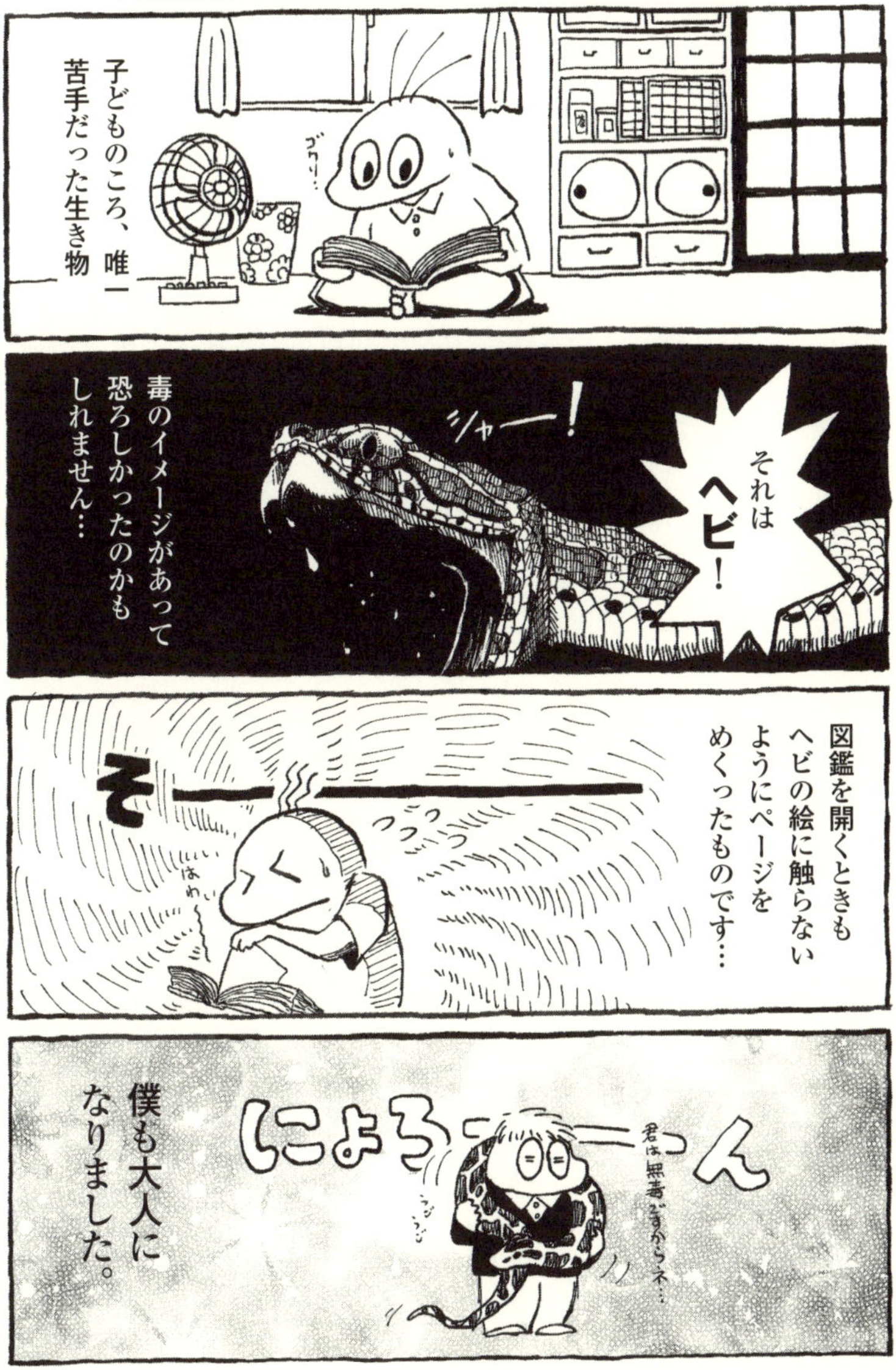
子どものころ、唯一
苦手だった生き物
ゴクリ…
シャー！
それはヘビ！
毒のイメージがあって
恐ろしかったのかも
しれません…
図鑑を開くときも
ヘビの絵に触らない
ようにページを
めくったものです…
そーーー
にょろーーん
君は無毒ですからネ…
僕も大人に
なりました。

「初めての冒険」は小学生

小学4年生ごろ、僕は人生で初めての一人旅に出かけました。

きっかけは地図です。日本地図を見ていたら、瀬戸内海《せとないかい》に「真鍋島《まなべしま》」という島があるのを見つけました。僕と同じ名前です。

興味《きょうみ》がわいて、「行ってみたい」と父に話したら、「いいじゃないか」と行かせてくれました。


あのころは、東京駅から東海道線に乗ると、岐阜《ぎふ》県の大垣《おおがき》駅まで行く夜行列車がありました。4人がけのボックス席だったので、バックパッカーの学生さんたちと一緒《いっしょ》になると、まずはみんなで自己紹介《じこしょうかい》。そして、いろいろな話をしながら、目的地までを過ごすのです。


ユースホステル全盛《ぜんせい》の時代でもありました。ユースホステルとは、簡単《かんたん》にいえば、若者《わかもの》向けの安くて安全な宿泊施設のことです。オーナーさんはペアレントとよばれ、宿泊者を親戚《しんせき》や知人の子どものように、あたたかく迎《むか》えてくれたものでした。

真鍋島で泊《と》まったのもそんなユースホステルで、ここには久一護男《ひさいちもりお》さんという名物ペアレントさんがいました。そのペアレントさんを慕《した》って全国から若者が集まり、春や夏には小さなユースホステルに100人以上の若者が泊まっていたこともありました。

もちろん、そのほとんどが大学生です。小学生の一人旅は僕くらい。でもめずらしかったのか、みなさんかわいがってくださって、「○○は絶対《ぜったい》に行ったほうがいいよ」「△△は見ておくべきだよ」と、おすすめの場所をいろいろと教えてくれました。

旅行好きになったのは、この体験がきっかけでした。

……という話を、事あるごとによくしているのですが、これは公式バージョンのほうで、じつはもうひとつ、たまにしか披露《ひろう》していないウラ話があります。

本当は、真鍋島を見つけたのは僕ではなく、父なのです。

僕の父、真鍋博はイラストレーターだったのですが、イラストだけではなく文章も書くことがあり、当時、『旅』という雑誌《ざっし》に寄稿《きこう》していました。そこに載《の》せるネタとして、「小学生の息子が一人で真鍋島を旅行する」という企画《きかく》を考えついたようです。その後、北海道まで6才下の弟と二人でSLを撮りに行ったこともありましたが、これも雑誌の企画でした。いずれの旅行も、父がイラスト入りの記事にして雑誌に載せているはずです。

ただ、これはあくまでも非公式《ひこうしき》のお話です。今後も、公式には「地図で偶然《ぐうぜん》発見した真鍋島に行ったのが最初の一人旅です」ということでお願いできれば幸いです。

今も続く交流

何はともあれ、このような旅では少し歳《とし》の離《はな》れたお兄さんやお姉さんたちとの交流が楽しく、僕にはとても刺激的《しげきてき》なものでした。

家出少年とまちがわれて、心配されたこともあります。あれはたしか、小学5年生のときです。大阪に向かう途中で出会った方に、勝手に家を出てきたのではないかと心配されて、親に電話で確認《かくにん》されました。疑《うたが》いはすぐに晴れたのですが、「だったら、うちに泊まりなさい」と言われ、お世話になったこともあります。

このご時世《じせい》ですので、今は子どもたちにこんなことはすすめられませんが、平和な時代に、旅先で善《い》い人たちにめぐり会えたことは、僕の人生にとってつくづく好運なことだったなと思います。

小学生のときにそのようにして知りあい、今でも付きあいが続いている方もいます。

数年前にも、そのうちの一人の方のお宅《たく》に泊めていただく機会がありました。

九州にお住いのその方は、小学生だった僕が泊まったユースに当時住みこみで働いていて、学校の先生を目指して教員採用試験《きょういんさいようしけん》の勉強をされていました。その後、教員になられてからもずっと手紙のやり取りを続け、お嬢《じょう》さんの結婚式にも呼《よ》んでいただきました。そして今では、九州で恐竜に関するイベントが行なわれたときにはお孫さんを連れて来てくださったりします。そんなふうに、世代を越《こ》えての交流が今も続いています。

2016年に国立科学博物館（科博）で開催《かいさい》された『恐竜博2016』には、ユースホステルでお世話になったペアレントさんのお孫さんが来てくれました。恐竜好きの高校生なのですが、遠方から上京するにあたって、昔、そのユースに通っていた大学生のお兄さん（今はおじいちゃんですね）がその子の面倒をみていて、一緒に科博まで来てくれました。

僕もものすごく良くしてもらいましたから、展示《てんじ》に足を運んでくださったときなどは案内役を買って出て、少しでも当時のお返しをしていきたいと思っています。

世代をこえて

子どものころ
ユースホステルで
仲良くなった
お兄さん
その後もお手紙の
やり取りを続け
大人になってからも
お嬢さんの結婚式に
招待して
いただいたりと
交流が続いていました。
そして…
今度は僕が
恩返しをする番です。
おまごさん

地理の先生になりたかった

子どものころはあまり勉強熱心なタイプではなく、高校は、地元でもっとも入試のやさしかった都立の学校に進みました。規則《きそく》もゆるく、勉強もきびしくない、でも、荒《あ》れているわけでもない、本当にのんびりした雰囲気《ふんいき》の学校でした。

そして3年間、この学校の心地良さに浸《つ》かっているうちに、こんな高校で働く先生になりたいと、漠然《ばくぜん》と思うようになりました。

もし教師《きょうし》になるとしたら教科は地理。そう思ったのは、旅行が好きだったからです。東京を少し離《はな》れれば、自然豊《ゆた》かなところがたくさんある。地理の先生になれば、そういうところに仕事で行けるんじゃないかと、我《われ》ながら安直《あんちょく》な発想をしたものです。

というわけで、教育学部を目指して大学を受験。

しかし、失敗しました。

振《ふ》り返ってみると、十代の自分には何かをすごく頑張《がんば》ってやりとげたという思い出がありません。当時好きだったＳＬやカメラについても、もっと熱心で、くわしい知識《ちしき》をもった子が僕のまわりにはいくらでもいました。

僕はどれも中途半端《ちゅうとはんぱ》。

いろんなことに興味があったせいかもしれませんが、「これなら誰《だれ》にも負けない」と胸《むね》を張《は》って言えるものはひとつもなかったのです。

こうして浪人《ろうにん》することになったのですが、じつはこれが、その後の人生を大きく変えることになりました。

ターニングポイントは大学受験の失敗

僕が最初の大学受験を失敗したのが1978年。そして翌年《よくねん》の1979年から、大学共通第一次学力試験（現在の「大学入試センター試験」）という制度が始まりました。

僕が学びたかった地理は社会科ですから、それまで理科は生物しか選択《せんたく》していなかったのですが、でも新制度では、理科を2科目受験しなくてはいけませんでした。そこであわてて受験勉強を始めたのが、地学だったのです。

ちなみに、僕が通っていた高校の地学では、自由なテーマで調べ学習をして小論文《しょうろんぶん》を提出《ていしゅつ》するという課題がありました。自由研究は、当時としては斬新《ざんしん》なものだったと思います。僕は鍾乳洞《しょうにゅうどう》をテーマにして、夏休みに岩手《いわて》県の龍泉洞《りゅうせんどう》に行ったりしました。その自由研究を指導《しどう》してくださった地学の先生は、退職《たいしょく》後、国立科学博物館のボランティアをされていて、今は一緒に行事を実施《じっし》したりすることもあります。

そして一年後、僕は横浜国立大学教育学部の地学科に入学しました。

もし、このとき地学科に進んでいなければ、大学院で古生物学の世界に足を踏《ふ》み入れることはなかったでしょう。つまり現役合格に失敗して、一年浪人したことが、僕が将来《しょうらい》的に「恐竜博士」になるきっかけになったのです。

人生はつくづく不思議だなあと思います。

とはいえ、大学入学時の僕の頭のなかには、まだ恐竜の「き」の字もありませんでした。正確《せいかく》にいいますと、たぶん、なかったはず、だと思います。

「たぶん」というのは、自分ではそんな記憶《きおく》がないからなのですが、じつは覚えていないだけかもしれません。

それは、ある方との再会《さいかい》の場面での出来事です。

小学生のころ仲良くしていた同級生の妹さんで、現在、ライターの仕事をしている方がいます。10年くらい前にお仕事でお会いしたときのこと、彼女は「真鍋さんは、講演《こうえん》などで『子どものとき、恐竜には興味がなかった』とよく言っていますが、そんなことはありません」とおっしゃいました。どういうことだろうと思ってくわしく聞くと、「真鍋さんがウチに来たときに、兄と恐竜について熱く語っていたことを覚えています」と。

とても驚《おどろ》きました。

彼女によると、小学生の僕は「恐竜の色はたしかにわかっていない。だけど、絶対にわからないと決めつけるのはよくない」などと力説していたそうです。恐竜の色が一部でわかるようになったのは2009年以降で、それ以前は恐竜の色はわからないのが常識《じょうしき》でした。

というわけで、友達の妹さんのなかでは、「あのときの真鍋さんの思いが、現在の研究につながっている」という方程式《ほうていしき》がきれいに成立しています。しかし、申し訳ないことに、まったく覚えていません。別のお友達の話と記憶《きおく》が入れちがっているのではないかなと思ったりもするのですが、でもすごくいいエピソードなので、たまに話のネタに使わせてもらっています。

好き（無自覚）

幼なじみの妹さんと再会したときのこと
ん〜？
子どものころ、恐竜には興味がなかったと言われますが
そんなことはないと思うんです！
子どものころなんかよく
ペラペラペラペラ
ポリポリ
ビッ
恐竜の色はたしかにわかっていない！
だけど絶対にわからないと決めつけてはいけない！
なんて力説されていましたよ！
ん一……覚えてないんだけど
いい話だし使っちゃおうかな

興味は化石へ

旅先で出会う、山、海、川、滝といった雄大《ゆうだい》な風景。それが頭にあったからでしょうか、大学に入って最初に興味をもったのは、地形や地質についてでした。

当時（80年代初頭）の大学は、今とはだいぶ雰囲気もカリキュラムもちがっていて、僕のいた地学科では、卒業研究に何年もかけるのがあたりまえでした。ある種の徒弟《とてい》制度のようなものがあって、下級生は同じ研究室の先輩《せんぱい》の研究を手伝いながら、実地で調査《ちょうさ》や実験のやり方を学び、研究テーマも決めていくというスタイルです。

大学1年生の夏休みは、埼玉県の奥秩父《おくちちぶ》で地質調査をしていた先輩を手伝いました。そのうちに、当時横浜国立大学の教育学部で教授をされていた古生物学者の小池敏夫《こいけとしお》先生から、「この地域の北側のほうはまだ地質学的な疑問点《ぎもんてん》がたくさんあるから、やってみたら？」と言われ、大学2年生から調査を開始しました。

地質調査で出会うのは、岩石です。石の種類は肉眼《にくがん》でもある程度までは分類できますが、その地層《ちそう》が何億年前のものかということは、見ただけでわかるものではありません。年代を知るひとつの手がかりは、石に含《ふく》まれている化石。その種類によって、その地層が三畳紀《さんじょうき》であるとか、ジュラ紀であるといった具合に年代がわかる。

奥秩父の中生代の地層では、ルーペでやっと見えるプランクトンほどの小さな生物の化石（微《び》化石）が、時代を決める指標《しひょう》となっていることを知りました。これが僕と化石の出会いです。

その後、大学4年生に進学するタイミングで運よくロータリー財団《ざいだん》の奨学金《しょうがくきん》をいただけることになり、一年間、カナダに留学《りゅうがく》しました。ちょうどプレート・テクトニクス理論《りろん》が世界各地に応用《おうよう》されるようになっていた時期で、地球規模《きぼ》の視点《してん》で地質を論《ろん》じあう研究者たちの姿《すがた》を目《ま》のあたりにしました。

そんなに年齢のちがわない大学院生たちが「ロッキー山脈《さんみゃく》、そして北アメリカ大陸はいつどのようにできたのか」なんて熱く語りあっていて、それを側で聞いているだけでもワクワクしました。それまでは、教員免許《めんきょ》をとって都立高校の先生になろうと思っていたのですが、このとき初めて「大学院でもう少し勉強してみたいな」という気持ちを抱《いだ》いたのです。

ちなみに、ロッキー山脈の調査でも、年代特定の指標となる示準《しじゅん》化石として、日本の秩父と同じような微化石が研究に使われていました。海がつながっていたので、昔の太平洋をはさんだ北アメリカと日本で同じ生物がいたわけです。だから「この化石が出てきたら、この生物は三畳紀後期にしかいなかった種類だから、この地層は三畳紀後期のものだ」といえる。理屈《りくつ》でいえば当然なのですが、それを自分で発見し、自分の仮説《かせつ》となっていくおもしろさに気がつきました。

化石は、遠い昔の地球を生きた生物の遺骸《いがい》や痕跡《こんせき》です。同じ生物でも、三畳紀にしかいないカタチ、ジュラ紀にしかいないカタチがあったりするのは、その生物が進化したから。それまで、化石は時代推定《すいてい》のデータとしてしか見ていなかったのですが、これを生き物として勉強したらおもしろいんじゃないか、進化というテーマもおもしろそうだ、と思うようにもなりました。

日本の恐竜学のはじまりとともに

ちょうどそのころ、横浜国立大学教育学部では、古生物学者の長谷川善和《はせがわよしかず》先生（現・群馬県立自然史博物館名誉館長）が教鞭《きょうべん》をとっておられました。

長谷川先生は古生物学のなかでも、脊椎《せきつい》動物（魚類、両生類、爬虫《はちゅうるい》類、鳥類、哺乳《ほにゅう》類）を専門としており、アンモナイトや微化石の研究が主流だった当時の日本の古生物学界にあって、めずらしい存在でした。骨を見ただけでどんな動物のどの部分の骨かがわかるすごい人です。長谷川先生の授業を受けると、「現在の琉球《りゅうきゅう》列島の宮古島《みやこじま》と与論島《よろんとう》にはハブはいないけど、宮古島の化石を調べると約2万年前にはいたことがわかる」といったおもしろい話が次々と出てくる。化石を生物として研究するとそんな発見もできるのか！と、古生物学への興味がさらに高まりました。

ただ、このときもまだ「恐竜」という言葉は自分のなかにはありませんでした。

そんなある日、長谷川先生が僕に声をかけてくださいました。

「恐竜を研究する人材はこれから必要になる。真鍋くん、やってみない？」

偶然にも、僕が大学院進学を考えていた1980年代は、日本各地から恐竜の化石が出はじめていた時期でした。

地形から地質、化石を経《へ》て、僕が古生物学に興味をもちはじめたのが、たまたま日本における恐竜という学問が大きく変わるタイミングだったのです。

こうして、僕は恐竜の魅力《みりょく》と出会いました。

恩師

大学で出会ったH先生は
ああ、これはデスモスチルスの大腿骨
見慣れればある程度はわかるもんだよ
古脊椎動物研究の第一人者でスゴイ方でした。
ハブは宮古島にはいませんが
化石だと約2万年前にはいたことがわかります
それから…
化石でやる生物学もおもしろいんだなァ…
このころはまだ「恐竜を研究しよう」とは思っていませんでしたが
化石を使って生物学的な研究をしたいと考え始めていました。
そんな折
マナベ君、恐竜やってみる?
エ!!
声をかけてくださいました!

「恐竜博士」になりました

恩師との出会い

大学院では、まず長谷川先生のもとで、琉球列島の洞窟《どうくつ》から発見された数万年前の爬虫類の化石を研究しました。ヘビやトカゲなど現生爬虫類の骨格《こっかく》から、爬虫類骨格の基礎《きそ》を学ぶ機会づくりを長谷川先生が考えてくださったのです。

そしてその後は、海外の大学に進みました。

古生物学をしっかり学ぶためには、できるだけ多くの化石を見ることが必要です。さらに論文《ろんぶん》を書こうとすれば、自分が研究できる化石を持たなくてはいけない。しかし、僕が研究しようとしていたのは恐竜です。１９８０年代の日本にそんな環境《かんきょう》はありませんでした。

日本初の大型爬虫類化石として大フィーバーを巻《ま》き起こした「フタバスズキリュウ」が見つかったのは1968年。これは海にいた首長竜で、爬虫類ですが恐竜ではありません。そして、日本で最初の恐竜化石となる「モシリュウ」が発見されたのが1978年です。

そんな時代ですから、恐竜発掘《はっくつ》の長い歴史《れきし》と、膨大《ぼうだい》な化石コレクションを持つアメリカやカナダやイギリスに行くことは、当時のこの分野の学生にとって当然の選択でした。

結果的に、修士《しゅうし》論文をアメリカ、博士《はくし》論文をイギリスで書いたのですが、ここでさらに、まったく異《こと》なる二人の恩師《おんし》と出会います。

一人は、イェール大学のジョン・オストロム先生。アメリカで修士論文を書いたときの指導《しどう》教官です。1960年代後半のデイノニクスという恐竜の研究から、1970年代に「恐竜は恒《こう》温《おん》（温血《おんけつ》）動物で、鳥に進化した」という、それまでの恐竜像を大きく変える論文を次々と発表し、とても注目されました。さまざまな検証《けんしょう》を経て、この説は新しい常識となり、この年代は「恐竜ルネサンス」ともよばれています。

大学には、オストロム先生の元で古生物学を学びたいという学生が世界中から集まっていました。そんなところに、たまたま入れてもらえたのは運がよかったとしかいいようがありません。

もう一人の恩師は、博士論文の指導教官だったブリストル大学のマイケル・ベントン先生です。ベントン先生はデータ解析《かいせき》をひとつの柱とされている研究者で、蓄積《ちくせき》された膨大な標本の情報《じょうほう》をデータ化し、恐竜の進化や絶滅《ぜつめつ》までを広い視野《しや》で捉《とら》えるというアプローチをされています。

ひとつの化石を徹底的《てっていてき》に見つめようとするオストロム先生とは真逆《まぎゃく》のタイプで、同じ分野でも、研究にはさまざまなベクトルがあるということを、このお二人には教えていただきました。

デイノニクス（*Deinonychus*）

白亜紀前期に生息した小型肉食恐竜。名前は「恐ろしいツメ」を意味する。後肢にある大きなカギツメから俊敏なハンターであったと考えられ、恐竜温血説のきっかけとなった。

オストロム先生が教えてくれた「発見の喜び」

ジョン・オストロム先生は、一言でいうと「何も教えてくれない先生」でした。

自分の研究以外にはほとんど興味がない様子で、しかもお酒が大好き。午後になるとふつうに酔《よ》っぱらっていたりする。それで、ゼミで学生が発表すると「どうしてそんなことがわかるんですか？　あなたは実際《じっさい》にその様子を見たのですか？」などと絡《から》んでくる。

とはいえ先生ですから、学生も「この酔っぱらい！」などと言うこともまさかできません。「化石をこのように読み解《と》くことによって、このような解釈《かいしゃく》が可能《かのう》になります。その仮説はこのように検証できるのではないでしょうか？」と、一生懸命《けんめい》に説明していました。

最初は「困《こま》った人だな」なんて思ったものですが、オストロム先生はご自身の経験から、「常識にとらわれず、自分の目で化石を見て、自分の頭で考え、気づくこと」を徹底《てってい》しておられたのです。だから、自分からは何も教えず、学生が自ら何かを発見するまで待っていたのでしょう。

僕がそのことにはっきり気づいたのは、就職《しゅうしょく》して、後進《こうしん》の指導をするようになってからでした。

気づきの教え

アメリカ留学時代の恩師、O先生は
何も教えてくれない先生でした
しかも昼間からお酒を飲んで学生に絡むような
そんなこと言ったたって実際見たワケでもないのにアナタなんでそんなことがわかるというのですかだってそうでしょつまりワタシが何を言っているかってっとねそらアレですよわかるでしょ
ちょっと困った先生でした。
でも今思えばそれは
自分で発見することの大切さを僕たちに教えてくれていたのでした。
先生の教えは科博の展示にも活かされています。
色んな角度で観察できるゾ!!
ぐーるぐーる
科博名物まわるデイノニクス

のちに、国立科学博物館に就職した僕は、恐竜ルネサンスのきっかけとなった肉食恐竜、デイノニクスの展示を手がけることになったのですが、そこで思いついたのが、化石を鳥の丸焼きみたいにぐるぐる回転させる展示です。これは、オストロム先生が常々《つねづね》「同じものでも、いろいろな方向から見ることで、気がつくことがある」とおっしゃっていたことをヒントに考えたものでした。

さらに、そんなオストロム先生の声をみなさんに届《とど》けたいと思い、展示室の解説《かいせつ》ビデオ用にインタビューにも協力いただきました。

1960年代、先生はデイノニクスの手首を見て「肉食恐竜の手は獲物《えもの》をつかむためにあるから手首は上下にだけ動けばいいのに、この手首は左右にも動く。この動きは何に使われていたのだろう」と疑問を感じたといいます。そして、あるとき始祖鳥《しそちょう》の骨を見続けていると、「鳥の手首（にあたる骨）は、翼《つばさ》を広げたり、伸《の》ばしたりするときに、左右に動く必要がある」ということにふと気がついたそうです。

この発見が、「恐竜が鳥につながっている」という恐竜ルネサンスのきっかけになりました。本当に小さな発見から、歴史的な大発見につながったのです。展示で、その貴重《きちょう》な体験を語ってもらおうと思いました。

しかし、オストロム先生へのインタビューは難航《なんこう》しました。撮影をしているうちに「本当は話したくない」と言いはじめたのです。

「わたしは始祖鳥の化石を何日も何日も見続けて、ある瞬間《しゅんかん》に『骨格だけなら恐竜と同じじゃないか』と気がついた。一気に霧《きり》が晴れたようなあの感激《かんげき》は今もはっきり覚えている。あの感激があるからこそ、研究を続けてこられた。もし誰かに『手首を見てください』といわれて気づいたなら、あんな感動は得《え》られなかっただろう。たとえ解説ビデオであっても、その喜びを奪《うば》うような野暮《やぼ》なことはしたくない」

先生は、そうおっしゃり、撮影はなかなか進みませんでした。最終的には無事に収録できたのですが、一時はどうなることかと思いました。

「誰かに教えてもらったら、発見の喜びは得られない」

先生のこの言葉は、今も胸に刻《きざ》んでいます。

教わっちゃつまらない

O先生への インタビューの途中 突然、こんなことを 言いだしました。
やっぱ 話したくない なァ
え!?
私は何日も何日も 始祖鳥の化石を 見続けて、突然 閃いたんですよ!
ジーザス!!
ジッ
骨格だけなら きょ、恐竜と同じじゃじゃ じゃじゃじゃじゃじゃじゃ じゃじゃじゃじゃじゃじゃ じゃじゃじゃじゃじゃじゃ
ごくり
パァァ――――!!
説明するってことはね その人が自分で発見する 喜びを奪うって ことなんだよ
野暮じゃない? やっぱ話したくないよ
そこを なんとかッ!
このとき撮影した映像は 科博の展示室で 見ることができます!

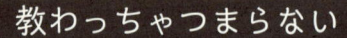

たとえば、国立科学博物館にも「触《さわ》れる展示」がいくつかありますが、それをどこまで解説すべきなのかというのは、とても難《むずか》しい問題です。

「ここにギザギザがあります。このギザギザにはこんな意味があります」とすべて説明するのは親切かもしれませんが、でも、自分自身で触って「あれ？　表面がギザギザしているぞ」と気づく喜びや、「どうしてだろう……もしかして？」と考える楽しみは小さくなってしまいます。

とはいえ、何も解説しなければ、気づく以前に関心もたれないまま、多くの人に通りすぎられてしまうかもしれない。展示解説でも、研究者としてはくわしく説明したいけど、パネルに長々と文章が書かれていたら読むのに一生懸命になって「もの」を見てくれないかもしれません。あるいは、読んでいるうちに飽《あ》きてしまうということもあるでしょう。

どこまで、どのように解説するかというのは、常に悩《なや》まされている課題なのです。

博物館の役目のひとつは、「発見する喜び」を共有することだと思います。

おや?と気づいて、どうしてだろうと考え、自分なりの仮説を立てて、本当だろうかと確かめてみる。これを知ると、いろいろなことがおもしろくなります。

博物館に身を置く研究者として、そこをなんとか伝えたいと思っています。

イギリス留学中に大発見!?

僕がマイケル・ベントン先生のもとで学んだイギリス留学中には、ひとつ忘れられない出来事がありました。

きっかけは、日本の手取層群《てとりそうぐん》（石川県《いしかわ》、福井県《ふくい》、岐阜県《ぎふ》、富山県《とやま》などに広がる中生代ジュラ紀後期から白亜紀《はくあき》前期の地層）から見つかった2センチ角くらいのすり減《へ》った歯の化石です。アメリカの大学院に進むとき、長谷川先生から「正体を突《つ》き止めてほしい」と託《たく》されたもので、しかしアメリカにいた4年間は結局何の手がかりも得られず、やり残した宿題のように、僕はその化石のレプリカをずっと手元に持っていました。

すり減り方から肉ではなく植物を食べていたらしいこと、そして、大きさから恐竜ではないかというところまではわかっていましたが、それ以上のことは何もわからないままでした。

突破口《とっぱこう》が開けたのは、大英自然史博物館の収蔵庫《しゅうぞうこ》で作業していたとき。まったくの偶然でした。

その日、本来の用事を済《す》ませると、ふとひとつの引き出しを開きました。まだちゃんと分類されていない雑多《ざった》な標本が入った棚《たな》で、なぜその引き出しを開いたのかは今でもわかりません。おそらく退屈《たいくつ》していて、本当になにげなく、なんとなく、そうしただけだったのでしょう。

すると、そこに、見なれたレプリカとそっくりな化石があったのです。

それはイギリスにある、白亜紀前期1億数千万年前のウィールデンとよばれる地層から出てきた化石でした。白亜紀前期なので、手取層群と同じ時代です。

ウィールデンから見つかっている恐竜を調べていくと、日本の手取層群で見つかった先ほどの化石は、イグアノドンの上顎《うわあご》のすり減った状態《じょうたい》の歯に似ていることがわかりました。

イグアノドン（*Iguanodon*）

白亜紀前期に生息した草食恐竜。手のトゲ状の親指は当初、鼻に生えた角だと思われていた。ベルギーで集団化石が発見されており、群れで行動したと考えられている。

「イグアノドンの上顎の歯は、すり減るとこういう形状になるのか……！」

百年間ずっと引き出しに眠《ねむ》っていた化石の正体を明らかにする大発見かもしれないと、ワクワクしながら論文を書いている途中、19世紀に書かれた論文に「イグアノドンの上顎の歯がすり減るとこうなります」と書いてあるのを見つけました。

とっくの昔にわかっていたことで、じつは大発見でもなんでもなかったというオチなのですが、しかし、イグアノドン類は当時はまだモンゴルまでしか見つかっていなかったので、日本の地層からその歯が見つかったとなれば、日本初のイグアノドン類ということになります。そこで、日本にもイグアノドン類がいたらしいということを報告《ほうこく》する論文を書いて、発表しました。

ところで、日本産のイグアノドン類としては、その後に見つかったフクイサウルスがよく知られています。福井県勝山《かつやま》市で1989年から実施された恐竜化石調査で、頭骨をはじめとするいくつかの化石が発見され、全身骨格が復元されました。「フクイリュウ」の愛称《あいしょう》で親しまれてきましたが、2003年に新属《しんぞく》新種として正式に記載《きさい》されました。

このフクイサウルスが埋《う》まっていたのも、同じ手取層群。手取層群ではほかにもたくさんの恐竜化石が見つかっています。

研究あるある

イギリス留学中のある日、大英自然史博物館の収蔵庫で作業していたときのこと。
!!
化石
よくわからん化石
よくわからん化石
よくわからん化石
こ、これはーーーーーーーーッ！
H先生から預かった謎化石とそっくりだー！
コレはまかせた！
つ、つまりアレとコレはああでこうでこうだからつまり、つまりその……
イグアノドン！
イグアノドンのすり減った上顎の歯だ！
すり減るとこうなるのかぁ
これは大発見かもしれない……！
早速論文に――
1825年記、イグアノドンの上顎の歯はすり減るとこうなるよ♡
ギデオン・マンテル
1790～1852年
先人ってすごい

コラム

初めて恐竜を見つけた人物

イギリス留学時代の僕の「大発見」を幻《まぼろし》にした、古い論文。その著者《ちょしゃ》は、ギデオン・マンテルという19世紀のお医者さんです。イグアノドンの発見者として、ご存知《ぞんじ》の方もいらっしゃるでしょう。

イグアノドンは、人類が最初に「恐竜」という太古の生物の存在を知ったきっかけとなった恐竜とされています。化石集めが趣味《しゅみ》だったマンテルが往診《おうしん》に行ったとき、同行《どうこう》した奥さんが診察の間の散歩で見つけたというエピソードが有名ですが、真偽《しんぎ》のほどはわかりません。1820年代はイギリスで舗装《ほそう》道路がつくられはじめた時期で、道路の脇に舗装用の石が積み上げられていたといいます。そのなかに、黒く光るものがあるのを見つけたので、夫が喜ぶだろうと持ち帰ったという話です。

マンテルは古生物の研究者ではありませんでしたが、それでも「爬虫類の歯のようだ」ということはわかったといいます。ただ、それにしては大きい。

19世紀初頭には、爬虫類がこれほど大きくなるとは考えられていませんでした。相談を受けた

コラム

初めて恐竜を見つけた人物

古生物学者も「これは哺乳類だろう」とアドバイスしました。しかし、研究を続け、イグアナというトカゲの歯に似ていることから、この化石が爬虫類であることを確信します。これが、「イグアナの歯」を意味するイグアノドンという名前の由来です。

じつは、これとほとんど同時期に、ケンブリッジ大学でも大型の肉食爬虫類の化石が研究されていました。そして、やっぱり「本当にこんなに大きな爬虫類が地球上に存在したのだろうか」と半信半疑《はんしんはんぎ》で、発表することがためらわれていたのです。しかしマンテルの歯の化石のことが知られるようになり、ウィリアム・バックランドはこの化石を肉食恐竜メガロサウルスと命名し、先手を打つように発表しました。それが1824年。1825年にイグアノドンが発表される一年前のことでした。

というわけで、最初の恐竜として発表されたのはメガロサウルスでしたが、恐竜という存在としてマンテルによって最初に見いだされたのは、イグアノドンの歯だったのです。

いずれにしても、人類は19世紀になって初めて「恐竜」を知ったのでした。

「20年後、まだ研究することはありますか？」

留学から戻った僕は、国立科学博物館に就職しました。以来、古生物学者として、ときに「科博の恐竜博士」とよばれながら、忙《いそが》しい毎日を送っています。

この仕事をしていると、老若男女《ろうにゃくなんにょ》、いろいろな方から質問《しつもん》を受けます。恐竜のこと、研究のこと、発掘調査のこと、進路相談等々、質問内容《ないよう》はさまざまですが、近年、その内容が少し変わってきたなと感じることがあります。

特に子どもたちからの質問で感じる場面が多いのですが、たとえば、恐竜博士になりたいという小学生から、こんな質問をされるのです。

「私が恐竜博士になるころ、研究することはまだ残っていますか？」

最初は「心配性な子だな」くらいにしか思っていませんでしたが、このような質問は年々増え、今ではあたりまえに聞かれるようになりました。

本屋さんにならんでいる一般的な恐竜図鑑《ずかん》には、約300種類の恐竜が載っています。恐竜好きの子どもであれば、その300種を暗記している子もめずらしくありませんし、難しい学名をスラスラ言える子もいます。300のものを覚えるって、すごいですよね。

でもこれは、現在わかっている恐竜の一部にすぎません。学術上《がくじゅつじょう》、現在有効《ゆうこう》な学名として考えられている恐竜の種類はだいたい1100種類です。僕は恐竜の専門家なので、その全部を当然言えます……と言いたいところですが、言えません。1100種とは、それだけの数です。

しかし、それでも、実際の数のほんの一部であるといわれています。

現在、地球上には、鳥が約1万1000種、哺乳類は約6400種存在するとされています。生物の多様性が失われつつあるといわれる現代でさえ、これだけの種類がいるのです。三畳紀、ジュラ紀、白亜紀にわたって世界各地で繁栄《はんえい》した恐竜が、1100種しかいなかったはずがありません。1万種どころか、10万種でもきっと足りない。おそらく何十万種といたことでしょう。

ですから、恐竜の専門家でも知っているのは全体の1%以下で、ごくごく一部。まだ見つかっていない恐竜のほうがはるかに多いのです。

ついでにいいますと、現在わかっている恐竜の種類は、植物食の鳥盤類《ちょうばんるい》よりも肉食恐竜を含む竜盤類《りゅうばんるい》のほうが少し多い。でも、本来は鳥盤類のほうが多いはずと考えられています。食物連鎖《しょくもつれんさ》のピラミッドを考えれば、草食恐竜を食べる肉食恐竜のほうが多かったということは考えづらいのです。草食恐竜のほうが個体数が多く、多様性も高かったと考えるほうが自然です。

現在1100種しか見つかっていない恐竜が、今後1万、10万、20万と増えていくなかで、鳥盤類がだんだん多くなっていくと思います。

化石が見つかりそうといわれながら、さまざまな理由で発掘調査が進んでいない場所もあります。そういった意味でも、恐竜の全貌《ぜんぼう》を明らかにするだけでも何十年もかかるでしょう。

また、恐竜の生態《せいたい》や進化についての新発見もたくさんあるはずです。

ですから、今の子どもたちがおじいちゃん、おばあちゃんになった未来でも、

「研究することはまだまだありますよ」

本心から、いつも僕はそう答えています。

第2章

恐竜博士のお仕事

研究と発掘調査とジグソーパズル

2大スター恐竜が日本にいた！

1996年、愛知《あいち》県に住む大倉正敏《おおくらまさとし》さんが、小さな歯の化石を持って訪《たず》ねてきました。日本屈指《くっし》の化石ハンターである大倉さんは、福井《ふくい》県でそれを発見。そこは恐竜の化石がたくさん出ていることで有名な手取層群《てとりそうぐん》で、約1億3000万年前の地層でした。

僕は古生物のなかの、特に恐竜など中生代の爬虫類《はちゅうるい》を専門に長く研究をしてきましたが、日本を拠点《きょてん》とする古生物学者として常《つね》に意識《いしき》してきたことがひとつあります。

それは、「日本の地層の重要性を世界に向けて発信すること」です。

少し前まで力を入れていたのは、ティラノサウルスやトリケラトプスといった定番的な恐竜のルーツに迫《せま》る研究でした。

ティラノサウルスは約6600万年前、白亜紀《はくあき》最末期に生息した大型肉食恐竜で、生息地と考えられてきたのはアメリカやカナダです。しかし、現在ではそのルーツはアジアにあったことがわかっています。

アジアと北アメリカの間には今は海がありますが、ここは1億年くらい前に陸でつながっていた時期がありました。そのときにアジアから北アメリカのほうに引っ越《こ》していった初期のティ

ティラノサウルス（*Tyrannosaurus*）

白亜紀後期に北米で栄えた大型獣脚類で、ルーツはアジアにあった。羽毛恐竜とみられるが、あるティラノサウルスの化石から首筋と尾の付け根はウロコだった可能性が出てきた。

ラノサウルス類が、大型のティラノサウルスに進化した、ということです。

さて、先ほどの歯の化石に話を戻しましょう。

それは先が尖《とが》っていて、見るからに肉食恐竜の歯。そのカタチには見覚えがありました。アメリカで採取《さいしゅ》したティラノサウルスの上顎《うわあご》の前歯4本によく似ていたのです。ティラノサウルスの仲間は、身体が大きくなるとともに頭がガッチリして、上顎の前歯が特徴的《とくちょうてき》なカタチになる。これはほかの肉食恐竜との大きなちがいです。

もしこれがティラノサウルス類のものであるなら、日本初の発見です。しかも、白亜紀前期のものとなれば世界初の発見でした。ただ、その化石はかなり小さい。小型の恐竜なのか、子どもなのか。簡単《かんたん》に言い切ることはできませんでした。

そこで、さらにくわしく、いろいろな系統《けいとう》の恐竜の歯とくらべていったのですが、やっぱりそんなカタチの歯はほかの系統では進化しなかったらしいことがわかり、「ティラノサウルス類の上顎の前のほうの歯と見られる化石が、日本の約1億3000万年前の地層から出ました」という論文《ろんぶん》を1999年に発表しました。

当時、モンゴルで見つかった小型の肉食恐竜がティラノサウルスの仲間ではないかという論文が出ていて、そこから、ティラノサウルス類の祖先《そせん》はアジアにいたという説が提唱《ていしょう》されて間もないころでした。僕の論文は、その起源《きげん》をさらに遡《さかのぼ》らせるものでした。

でも、こちらの手がかりは歯1本。たったこれだけの標本でそんな大それたことを主張《しゅちょう》するのかと、なかなか認められなかった。それでもありがたいことに、最終的にはアメリカの古生物学会誌が載《の》せてくれました。

すると2002年ごろのある学会で、中国の有名な恐竜学者である徐星《じょせい》先生に声をかけられました。そして、会場の片隅《かたすみ》に呼《よ》ばれて、ひそひそ耳打ちされたのです。

「まだ発表前だから絶対に誰にも言っちゃいけないぞ。お前の仮説《かせつ》が正しいことをオレが証明《しょうめい》してやる。すごい化石を中国で見つけた。全身骨格《こっかく》で、しかも羽毛があるんだ」

翌2003年、彼は中国の白亜紀前期の地層で発見されたティラノサウルス類の全身骨格を発表しました。ディロングと命名されたこの小型の肉食恐竜は、体のいろいろな部分に羽毛の痕《こん》跡《せき》が残っていました。

耳打ち

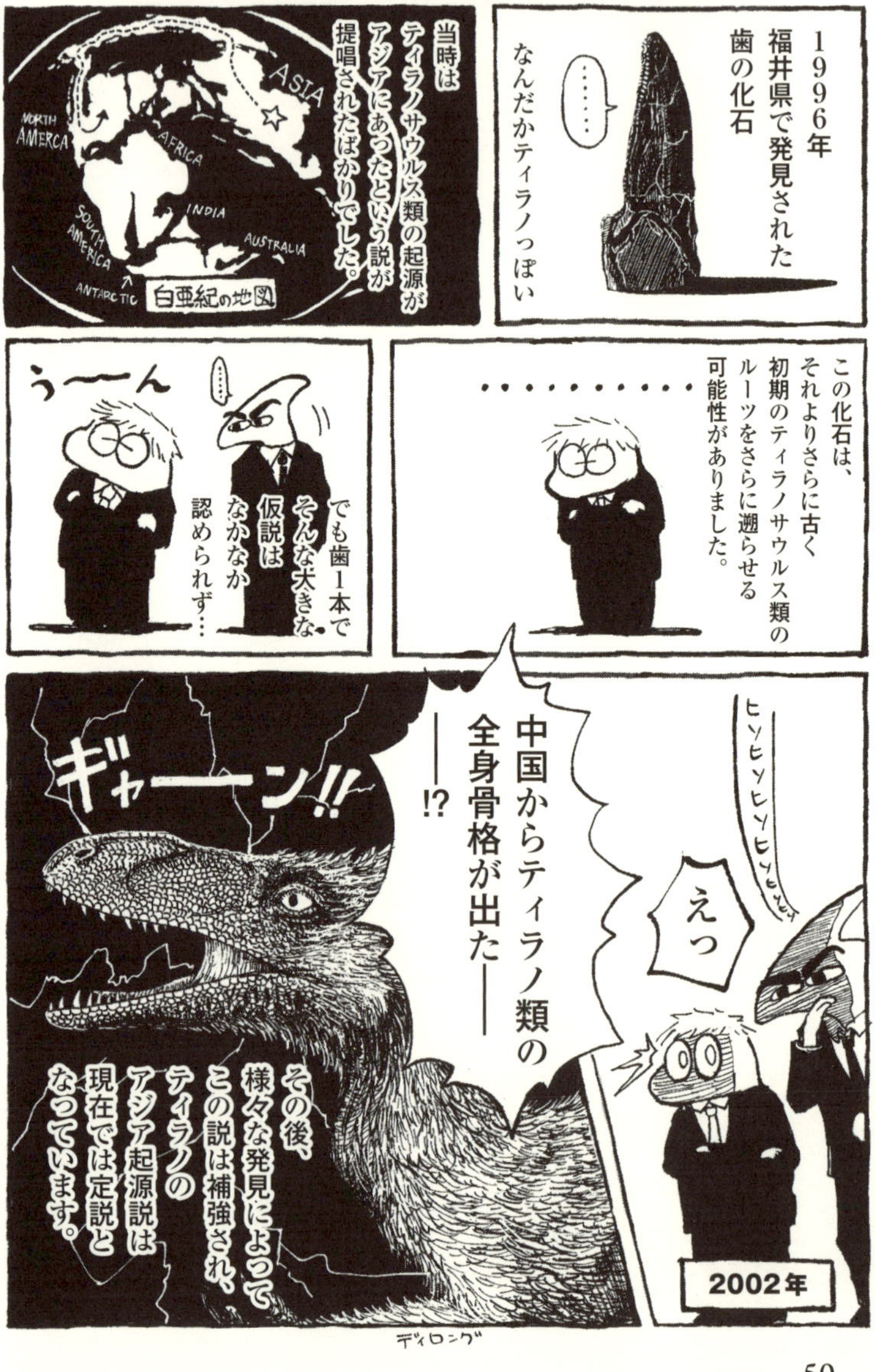
1996年福井県で発見された歯の化石
……
なんだかティラノっぽい
当時はティラノサウルス類の起源がアジアにあったという説が提唱されたばかりでした。
ASIA
NORTH AMERICA
AFRICA
INDIA
SOUTH AMERICA
AUSTRALIA
ANTARCTIC
白亜紀の地図
この化石は、それよりさらに古く初期のティラノサウルス類のルーツをさらに遡らせる可能性がありました。
…………
う〜〜ん
…
でも歯1本でそんな大きな仮説はなかなか認められず…
ヒソヒソヒソヒソヒソ
えっ
中国からティラノ類の全身骨格が出た——!?
2002年
ギャーーン!!
その後、様々な発見によってこの説は補強され、ティラノのアジア起源説は現在では定説となっています。

ディロング

さらに、徐星先生たちはその後も次々と中国で「羽毛恐竜」を発見して、「1億3000万年前のアジアにいた小型の恐竜が、ティラノサウルス類のルーツになった」という説は広く受け入れられるようになったのです。

さらに近年では、そのルーツはヨーロッパにまで遡るのではないかともいわれています。

もうひとつの北アメリカを代表する角竜《つのりゅう》のトリケラトプスへの進化も、アジアで始まっていたらしいことがわかっています。

これまで角竜は、そのルーツがアジアにあることはわかっていましたが、トリケラトプスのような立派《りっぱ》な角をもつ角竜には北アメリカに渡《わた》ってから進化したと考えられてきました。

トリケラトプス（*Triceratops*）

白亜紀後期に北米で栄えた角竜類。3本の角と大きなフリルが特徴。起源はジュラ紀後期のアジアで、現在ではその後の進化もアジアで始まったという説が有力視されている。

ところが近年、中国で、角とフリルが発達した角竜の化石が報告《ほうこく》されたのです。

また日本でも、鹿児島《かごしま》県薩摩川内《さつませんだい》市の甑島《こしきしま》で恐竜の化石が発見されるようになり、そのうちのひとつ、下甑島の約８０００万年前の地層から大型のトリケラトプスの仲間（ケラトプス類）の歯と思われる化石が見つかりました。

恐竜の歯は一般的に、歯根はひとつと考えられていますが、トリケラトプスを含《ふく》むケラトプス類の歯根は二股《ふたまた》にわかれます。この歯には、これに合致《がっち》する特徴が確認《かくにん》されています。

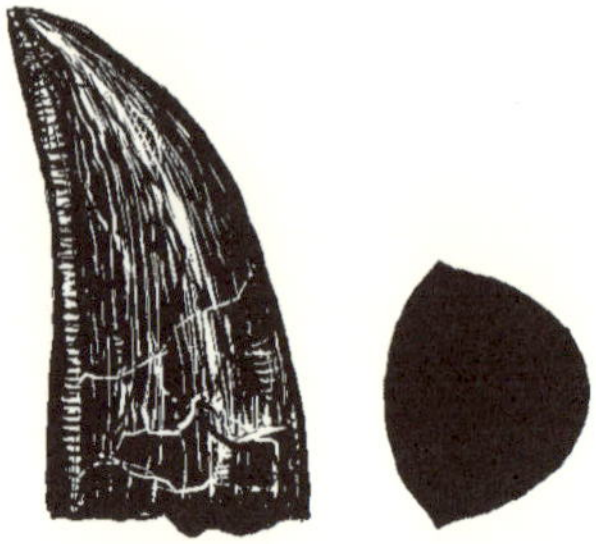

ティラノサウルスの
前上顎骨歯（左）と
その断面図（右）

ティラノサウルスの顎の前端部は横幅があるため、最初の４本ぐらいが横ならびになる。そのため、通常は歯の前後にあるギザギザが、歯の左右に発達する。

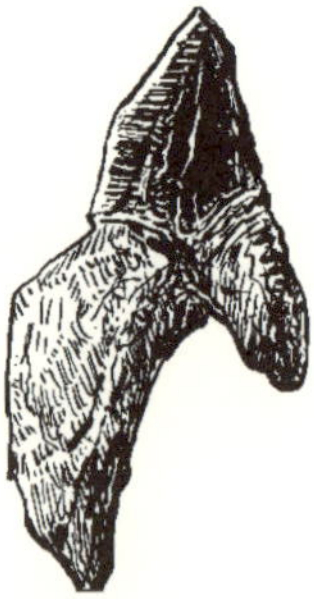

トリケラトプスの歯

二股にわかれたうちの短いほうが、ケラトプス類特有の２本目の歯根。甑島で見つかったケラトプス類のものとみられる歯は、その２本目の歯根の一部と考えられている。

恐竜はどのように絶滅したのか

恐竜がおよそ6600万年前に大量絶滅《ぜつめつ》したことはよく知られています。隕石《いんせき》が衝突《しょうとつ》した影《えい》響《きょう》で地球環境《かんきょう》がガラッと変わってしまったことが原因とされています。

ただ、その最期の時期に恐竜がどのくらい繁栄《はんえい》していたのか。どのように急激に絶滅していったのか。これはまだよくわかっていません。

そこで僕は、「恐竜の絶滅」というテーマにも長らく関心を寄《よ》せてきました。

まず行なったのが、北アメリカで見つかったその時期の化石をひとつずつ丁寧《ていねい》に分類し、恐竜が繁栄していた最期の最期をデータで示《しめ》す作業です。

じつはこの研究は、国立科学博物館の恐竜展示《てんじ》室が1999年にリニューアルされることに合わせて行なったもので、そのために標本も入手しました。

ちなみに科博が所蔵《しょぞう》する恐竜化石は、日本で恐竜を学ぶ学生にとっては貴重《きちょう》な研究標本でもあります。みんなに手伝ってもらいながら、現在も研究を続けています。

この展示は、もちろん今でも見ることができるのですが、ところが最近、新たな問題が出てきました。

新説が発表されたのです。

その論文は「隕石衝突の前に、草食恐竜の多様性がガクッと下がった時期がある」と主張《しゅちょう》するものでした。なんらかの理由である時期に草食恐竜の種類が減《へ》り、その悪いタイミングで隕石が落ちてきた。だから恐竜全体の多様性が総崩《そうくず》れしたのではないか、というのです。

これまで、恐竜絶滅のおもな要因については、メキシコへの隕石衝突説と、デカン高原の火山活動説の2つで、熱い議論《ぎろん》が交わされてきました。

どちらも大きな環境変化をもたらしたはずですが、火山活動は約300万年にわたって断続《だんぞく》的に続いていた現象《げんしょう》です。それに対して、隕石衝突はその瞬間《しゅんかん》からわずか数年間の出来事であることを考えると、生態系《せいたいけい》の急激な変化を説明できるのは隕石衝突説のほうであるといえます。

そしてこの度の新説は、隕石衝突が中生代を終わらせたという説を前提《ぜんてい》に、「そのとき恐竜は最盛期《さいせいき》だったのか？」という、より詳細《しょうさい》な課題に調査研究の関心が移《うつ》ってきていることを示すものでもありました。

鹿児島県の甑島で見つかった恐竜化石のなかには、約7000万年前の草食恐竜ハドロサウルス類も含まれています。これは隕石衝突よりも数百万年前のものなのですが、日本で発見されている恐竜化石のなかでは、現在のところいちばん「最後の恐竜」です。

隕石衝突前の数百万年で、アジアでも草食恐竜の多様性が下がっていたのか?

日本でこの時代の化石がもっと見つかるようになれば、重要な手がかりになるのではないかと考えています。

多様な視点でジグソーパズルを埋めていくおもしろさ

化石の研究は、ジグソーパズルに喩《たと》えられることがあります。たしかに、小さな破片《はへん》ひとつを手がかりに完成形を目指す作業は、パズルのようです。

完成形がわからないまま、手探《てさぐ》りで始めることも少なくありません。完成形がわからないどころか、ピースが全部そろっている保証《ほしょう》もないのです。

しかしこれが、ものすごくおもしろい。

「大したことないもの」と軽く見られてしまうような小さなカケラから、「大したこと」がわかる。ふと「この溝《みぞ》は重要かもしれないぞ」と気がついて、それを手がかりに、あっと驚《おどろ》く大きな発見ができることもある。

その喜びとおもしろさは、古生物学者としての僕の基本《きほん》にあるものです。小さなカケラに対して「この化石と出会えて本当によかった」と思うことが何度もありました。

そして、進化の研究にもジグソーパズルのような側面があります。

たとえば、ヴェロキラプトルやデイノニクス。系統図でヴェロキラプトルやデイノニクスが含まれるデイノニコサウルス類を探してみると、

ヴェロキラプトル（*Velociraptor*）

白亜紀後期に生息した小型肉食恐竜で、映画『ジュラシック・パーク』シリーズでは人を襲う凶悪な恐竜として登場する。シリーズ3作目のみ頭部に羽毛が描かれた。

ジュラ紀の前期以前が点線になっています。これは、多くの研究者が「この系統の恐竜はジュラ紀の前期、中期には地球上に存在していたはずだ」と考えているのに、その時代の化石が未発見だからです。

ここで「自然史研究は仮説から始まる」という原点に立ち返れば、僕たちは調査などによって、その点線部分を埋《う》めなくてはいけません。ジグソーパズルでいえば、ここまでつくってきたパズルを手がかりに「この空白にぴったり当てはまるピースはないのか？　それはどのようなものなのか？」と探すのです。

王道のアプローチは、発掘調査《はっくつちょうさ》です。出てこないのは、まだ見つかっていないからだと考え、その時代の地層を調査する。これまで誰も掘《ほ》っていない場所、たとえばアフリカなどの未踏査《みとうさ》地域での調査も実際《じっさい》に進められています。

地層や原野ではなく、収蔵庫《しゅうぞうこ》で見つかることもあります。世界中の博物館や研究機関の収蔵庫には、大量の化石が保管されています。重要性に気づかれず眠っている化石、まちがって分類されている化石は少なくありません。展示されることなく、研究対象《たいしょう》にもならず、収蔵庫に眠り続けてきたそれらの標本のなかに、ジュラ紀前期のデイノニコサウルス類の化石があるかもしれません。収蔵庫でも、ある意味で「発掘」ができるのです。

でも、探してもなかなか見つからないこともあります。実際、この時期のデイノニコサウルス類はまだ見つかっていません。こうなれば、同時に別のアプローチも進めなくてはいけません。

探し方を工夫するのはもちろん、軌道修正《きどうしゅうせい》をする必要も出てくるでしょう。あまりにも見つからなければ「もしかしたらデイノニコサウルス類はこの時代にはまだいなかったのではないか？」と疑《うたが》う研究者も増《ふ》えるかもしれません。つまり足りないピースではなく、これまで組み合わせてきた部分を見直してみることも必要になるのです。

世界中の古生物学者はさまざまなテーマについて、こんなふうにパズルをずっと解《と》き続けています。

起源に近いほど、見分けは難しい

ちなみに、初期のデイノニコサウルス類が見つからない理由を、僕はこう考えています。

まず、恐竜が最初に地球上に登場したときのことを想像《そうぞう》してみてください。
三畳紀中期……もっと前かもしれませんが、ある子だくさんの爬虫類の夫婦に、ちょっと変わった子が生まれました。その子は骨盤《こつばん》に穴があいていたので、ほかの兄弟とは歩き方がちがっていた。もしそれが原因で足が遅《おそ》かったり、走れなかったりしたら、その子はすぐに食べられちゃったかもしれません。でも、そんなことはなく、むしろ速かった。エサもたくさん捕《と》れて、どんどん成長して、大人になって自分の子どもも増やした。生まれてきた子たちは骨盤に穴があいている子、あいていない子の両方がいたかもしれません。でもあいている子のほうが競争に有利だったので、長い年月の間にどんどん子孫を増やし、次第に穴のある子がマジョリティに、ない子がマイノリティになっていった。

やがて、穴のあいている子だけになったのでしょう。そして、最初は1種だった恐竜も、行動の仕方や活動の時間帯、エサを探す場所などのちがいから新たな種に分かれていき、骨盤に穴のあいた恐竜の種類が増えていった。

何が言いたいかというと、それぞれの種が登場したとき、その種間の差はとても小さいということです。そして、何百万年もの間の世代交代を経る間に、ぜんぜんちがうカタチの恐竜になっていく。

古生物学における分類は、カタチを手がかりにしています。その種に特徴的なユニークなカタチをもっていれば分類しやすいのですが、ルーツに近くなればなるほど、カタチの差異《さい》がまだ少ない傾向《けいこう》があると考えられ、その分、分類は難《むずか》しくなります。

たとえば、デイノニコサウルス類は小型なものが多いですが、その進化の初期には大きいものがいたことがわかっています。しかし当初はその大きさからデイノニコサウルス類ではないと思われ、なかなか気づけなかった。

このようなことをなくすためには、いろいろな特徴に注目するしかありません。「デイノニコサウルス類とは〇〇なものです」という定義《ていぎ》から再検討しなくてはいけないのです。デイノニコサウルス類のルーツを探るためには、これまでの見方をガラッと変える必要があるのかもしれません。

恐竜の起源（たぶん）

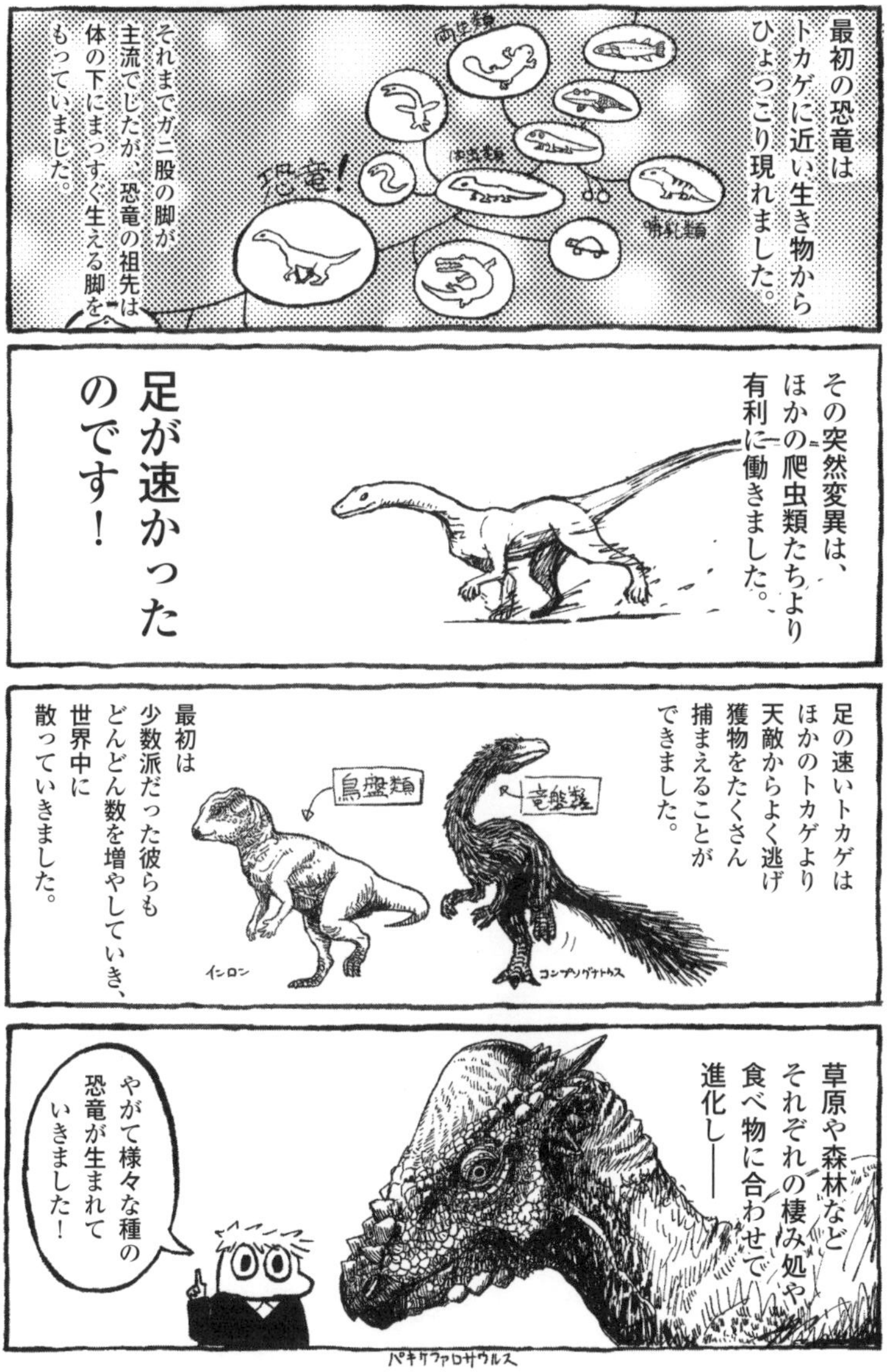

最初の恐竜はトカゲに近い生き物からひょっこり現れました。
両生類
爬虫類
恐竜!
哺乳類
それまでガニ股の脚が主流でじたが、恐竜の祖先は体の下にまっすぐ生える脚をもっていまじた。
その突然変異は、ほかの爬虫類たちより有利に働きました。
足が速かったのです！
足の速いトカゲはほかのトカゲより天敵からよく逃げ獲物をたくさん捕まえることができました。
鳥盤類
竜盤類
インロン
コンプソグナトゥス
最初は少数派だった彼らもどんどん数を増やしていき、世界中に散っていきました。
草原や森林などそれぞれの棲み処や食べ物に合わせで進化し——
やがて様々な種の恐竜が生まれていきました！
パキケファロサウルス

恐竜を探しにベトナムへ

今、僕が調査に参加している場所のひとつに、ベトナムがあります。

ここは、貝などの無脊椎動物《むせきついどうぶつ》を研究している熊本大学の小松俊文《こまつとしふみ》先生がずっと調査を続けているところで、首都ハノイに小さな国立自然博物館も完成しました。毎日のように、近くの学校の子どもたちがやってくるそうです。

ところが、この博物館に展示されている恐竜は中国で見つかったもののレプリカだけ。なぜなら、ベトナムではまだ恐竜化石が見つかっていないからです。この国では、激《はげ》しい戦争があった影響で長年調査が進んでいなかったのですが、ようやく調査できる状況《じょうきょう》が整備《せいび》されつつあります。

そこで、恐竜の専門家のひとりとして、僕も小松先生たちに協力することになりました。


ベトナムでも恐竜は出るはず、と僕は考えていました。

根拠《こんきょ》はお隣《となり》の国、ラオスにあります。地質的に同じ地層がつながっているラオスでは、フランスの調査でたくさんの恐竜が見つかっています。ベトナムだけ出ないわけはありません。

ところが、なかなか、出ない。

そこで改めて、本当に同じ地層なのかを調べることにしました。ラオス側からベトナムに向かって、地質を順番に調べ直してみたのです。そうしたら、国境地帯《こっきょうちたい》の断崖絶壁《だんがいぜっぺき》で、地層が大きく変わっている可能性が高いことがわかりました。

21世紀になっても、こうした基礎的な調査が必要な場所はまだまだ残っています。というわけで、「恐竜発見!」というニュースはまだお届《とど》けできてはいないのですが、これも我々《われわれ》にとっては大きな大きな前進。今後も引き続き調査をしていく予定です。

じつをいえば、ほかにも掘りたい場所はいくつもあります。たとえばアルゼンチンは、興味《きょうみ》深い恐竜が見つかる可能性の高い場所です。

恐竜の研究は、世界中に宿題が山積みなのです。

探せば出てくる日本の恐竜

日本でも、恐竜の化石は出ないと思われ、注目されなかった時代が長らくありました。しかし今は、日本各地から恐竜の化石が発見されています。

その裏《うら》には、研究者による成果はもちろん、それとは別に、「化石ハンター」とよばれる方たちの活躍《かつやく》も大いにあります。

恐竜ではありませんが、日本を代表する爬虫類化石のひとつである「フタバスズキリュウ」を見つけたのは、当時高校2年生の男の子でした。また、最近北海道で掘り出され注目された「むかわ竜」も、地元むかわ町に住む有名な化石ハンターが最初の発見者です。

そんなニュースがたまに世間を賑《にぎ》わせるからでしょうか、「僕も掘ったら見つけられますか？」といった質問《しつもん》をされることがあります。

自分で化石を見つけるのは、ロマンがありますよね。

恐竜が見つかるのは基本的に、陸の中生代（三畳紀、ジュラ紀、白亜紀）の地層です。恐竜は中生代に繁栄した陸生生物だからです。

「むかわ竜」のように海の地層で発見されることもありますが、これは川などに流された恐竜の遺骸《いがい》が海に流れ着いたもの。恐竜を探すなら、やっぱり陸の地層（非海成層《ひかいせいそう》）が基本です。

ただ、陸を探すといっても、今は恐竜の生きた時代とは地形が異《こと》なります。中生代、日本海はまだありません。アジア大陸と日本は陸続きでした。中生代の日本は、大陸の縁《ふち》だったのです。海のあった場所も今とはずいぶんちがいます。あくまでも現在の地層の分布ですが、東京でいえば、中生代には秩父《ちちぶ》のあたりまでが海。関東平野のかなりの部分を海が占めていました。

その後、現在のような島になったのですが、すんなり現在の形になったわけではありません。地殻変動《ちかくへんどう》が長い間に繰《く》り返されて、いろんな地層が持ち上げられたり、沈んだりしてきたことがわかっています。

この地殻変動の結果、中生代の地層が地上に顔を出した場所がいくつかあります。恐竜を探すなら、こういったところがかなり可能性が高いでしょう。

まさに先日、2019年4月に、岩手県久慈《くじ》市のおよそ9000万年前の地層からティラノサウルス類の歯とみられる化石が見つかったというニュースがありました。見つけたのは県内の高校生で、学校の遠足で訪れた琥珀《こはく》の採掘体験中の出来事だったそうです。

コラム

化石を見つける名人

調査研究に従事《じゅうじ》していながら、僕は化石を見つけるのが得意なほうではありません。幸い、調査はひとりではなくチームで行なうので、そのチームに化石を見つけるのが上手な人がいるととても頼《たよ》りになります。

化石を見つける名人として思い出すのが、大学時代のある後輩《こうはい》です。彼は、誤解《ごかい》を恐《おそ》れずにいえば、ほかのことではまるで目立たないタイプでした。なのに、化石を見つけるのは並外《なみはず》れて上手なのです。

コラム

化石を見つける名人

ある調査で僕が前を歩いていると、後ろにいた彼が「あ！」と言いました。振《ふ》り返ると、僕の足元を見つめています。ついさっき僕がピョンと飛び越えた水たまりの石のところに、1ミリくらいの点があって、それが化石でした。

「どうして、そんなに見つけることができるの？」と尋《たず》ねると、「ただ見ているだけ」と彼は言います。そこで彼を観察していると、本当に、どんなものでも気になったら見ていることに気づきました。

たとえば山を歩いている。一緒にいる僕は歩くのに一生懸命《けんめい》です。でも、そのあいだも彼はいろんな場所をとにかく見ている。それで岩の一部に少しでも気になるところがあると、近寄って、手に取って確認する。これをずっと繰り返しています。

もちろん、そのほとんどは化石ではありません。それでもすぐに立ち止まって、見つけようとし続ける。

彼は小学生のころから、化石をよく見つけることで有名だったといいます。当時よく出かけていたのは神奈川県川崎市の登戸《のぼりと》あたりで、多摩《たま》川で重要なイルカ類の頭の化石を発見したこともありました。

コラム

化石を見つける名人

その場所に彼と一緒に行ったことがあります。何の変哲《へんてつ》もないところでした。川の水も濁《にご》っています。昔は澄《す》んでいたのかなと思いながら「どうやって見つけたの？」と聞きました。なんとなく聞いただけだったのですが、その答えがすごかった。

「水が濁っていて川底がよく見えないから、靴《くつ》を脱《ぬ》いで、裸足《はだし》で川底をなでていたら、なんだかふつうの石とはちがう感触《かんしょく》があった。

それでよく見ようと思って、近くにあった土嚢《どのう》のようなものをまわりに積んで、流れをせき止めてよく見たら、化石の鼻先が出ていたんですよ」

ふつうの人は川が濁っていたら調べないでしょう。僕ならきっと調べません。でも彼は裸足で探って、しかも流れをせき止めて観察した。

化石を見つける名人に憧《あこが》れる気持ちはありつつも、そんな話を聞くと、僕のようなひ弱なタイプにはなかなか難しいなあ、というのが正直なところです。

化石を見つける名人

恐竜研究最前線

百人百様の研究スタイル

恐竜を研究している古生物学者は、世界中にたくさんいます。
そしてその研究スタイルはじつにさまざまです。

よくイメージされるのは、発掘調査ありきで、どんどん出かけていくタイプ。映画『インディ・ジョーンズ』のように、まだ誰も発掘したことのない未知の場所に赴《おもむ》いて、探検《たんけん》的に調査をし、新しい化石を発見して、論文を書く。このタイプは、もっとも古典的なスタイルの古生物学者ともいえます。

ちなみに、あの映画の主人公は正しくは古生物学者ではなく考古学者ですが、彼のモデルとい

われているロイ・チャップマン・アンドリュースはアメリカの動物学者、古生物学者でした。

また最近では、生物学、特に比較解剖学《ひかくかいぼうがく》の見地から恐竜を研究する方法もメジャーになりました。

比較解剖学とは、さまざまな動物の体の構造《こうぞう》や動きを比較しながら研究する生物学の一分野です。もともとは現生の動物を研究対象にしていましたが、この知見が化石に応用《おうよう》されて、恐竜の体つきや動きなどの解明や仮説の検証《けんしょう》につながる研究が増えてきました。

データ解析《かいせき》というアプローチから恐竜を研究することもあります。

これまでに発掘された化石、現在生きている各種の動物などから得られる膨大《ぼうだい》な情報《じょうほう》を、データとしてまとめて分析《ぶんせき》、解析《かいせき》して、そこから新たなパターンを得ようとする比較的新しい研究スタイルです。日本ではまだ少数派ですが、海外には、発掘調査にはほとんど行かず、毎日コンピューター画面に向きあい続けている古生物学者もいます。

ところで、欧米には「アームチェア・パレオントロジスト（肘掛《ひじか》け椅子《いす》に座《すわ》っているだけの古生物学者）」という言葉があります。これは、発掘現場で汗をかくことなく、化石を見ることもなく、ただ理屈《りくつ》を振りかざすだけの学者を揶揄《やゆ》する表現で、このタイプも一見、アームチェア・パレオントロジストと思われがちですが、それは偏見《へんけん》です。これからは、化石の詳細を観察したり計測することによってデータを増やし、ひとつひとつのデータの信頼性《しんらい》を向上させていく必要があります。これからの時代、彼らのような研究者はますます重要になってくると思います。

このように、世界ではさまざまな手法で恐竜の研究が行なわれています。その最前線で世界を股にかけて活躍している研究者がたくさんいて、それぞれのスタイルでジグソーパズルに挑み続けています。

ここでは、そんな最新の恐竜研究について、少しご紹介しましょう。

アジアと北アメリカの渡り廊下

北海道大学の小林快次《こばやしよしつぐ》さんのことは、みなさん、ご存知ですよね。北海道やモンゴル、近年ではアラスカなどで、精力的に発掘調査をしている研究者です。

最近では「むかわ竜」の研究で名前を知ったという方も多いかもしれません。「むかわ竜」は、全身の大部分の骨が見つかったことで大きなニュースになりましたが、博物館に保管されていたわずかな化石から、発見地に戻って追加標本の発掘調査を指揮《しき》したのが小林さんです。

僕が初めて会ったとき、彼はまだ高校生でした。恐竜博物館ができる前の福井県立博物館によく出入りしていた、いわゆる「化石少年」。

その後、横浜国立大学に進学されますが、すぐにアメリカへ留学《りゅうがく》し、アメリカで博士号を取得されました。そして帰国後、福井で恐竜博物館の立ち上げに関わり、北海道大学に異動《いどう》して今にいたります。

発掘調査に定評《ていひょう》のある小林さんが、近年もっとも力を入れているのがアラスカの調査です。

恐竜が生きていたころの地球では、現在のベーリング海峡《かいきょう》にあたる部分が陸地でつながっていた期間がかなりありました。恐竜はここを渡っていったり、戻ってきたりしていたはずです。ティラノサウルスの仲間、トリケラトプスの仲間、「むかわ竜」の仲間もここを行き来している間に、進化し続けていたことでしょう。

つまりアラスカの発掘調査は、アジアと北アメリカの渡り廊下《ろうか》を調べることになるのです。

あんなに寒いところで恐竜が生きていられたの？と思われるかもしれませんが、当時の地球は現在よりずっと温暖《おんだん》で、北極圏《けん》や南極圏にも恐竜はいました。とはいえ、冬になると日照時間が極端《きょくたん》に短くなるのは今と同じですから、一年中暮《く》らすのは好ましくない。かなりきびしかったはずです。

冬の間はどのように過ごしていたのでしょう。これも、この地域を調査するうえで、重要なテーマになっています。

トリケラトプスの前あし問題

名古屋大学博物館の藤原慎一《ふじわらしんいち》さんは、比較解剖学を使ってある成果をあげました。トリケラトプスの前あしがどのようにつながっていたかを明らかにしたのです。

恐竜という生き物がもつ最大の特徴は、骨盤《こつばん》に大きな穴があいている点です。ここに大腿骨《だいたいこつ》が深く入りこむので、恐竜は後ろあしの膝《ひざ》を下に伸ばし、素早《すばや》く歩くことができた。これに対して、恐竜以外の爬虫類の骨盤には浅いくぼみしかありません。そのため、太ももの大腿骨が浅くしか関節《かんせつ》せず、膝が横に突《つ》き出てしまう。だから僕たちが知っている爬虫類はガニ股になっているのです。

と、ここまでは一般的に知られていましたが、問題は前あしでした。後ろあしは、骨と骨とが直《ちょく》接《せつ》関節していますが、前あしの関節部分（肩《かた》にあたるところ）は背骨に直接関節しているわけではありません。そのあいだには筋肉《きんにく》がついていたはずなので、化石だけを見ていては、どこにどのようにつながるのか簡単にはわからないのです。

藤原さんは、さまざまな動物の骨格で、骨と筋肉や靭帯《じんたい》など軟組織《なんそしき》の関係を研究し、トリケラトプスの肩の位置を推定《すいてい》しました。それにより、従《じゅう》来《らい》考えられていた腕立《うでた》て伏せではなく、胴体《どうたい》の真下に前あしが伸びていたことがわかったのです。

この説は、今では広く受け入れられています。

トリケラトプスの前あし

前あしを腕立て伏せ状にした従来の復元（左）と新説による復元（右）。新説では、脇を締めて前あしの甲を外側に向け、「小さく前ならえ」の状態で歩いていたとされている。

科博の恐竜研究室

藤原さんのこの研究は、国立科学博物館のトリケラトプスの標本を使って行なわれたものでした。恐竜を学ぶ若い研究者たちにとって、科博の展示室は研究室でもあるのです。

展示室に入ってすぐの右手には、首の長いアパトサウルスがいます。この標本を見ていると、長い首をもった竜脚類《りゅうきゃくるい》は、その首を支えるだけで首や肩が疲《つか》れたのではないかと心配になります。

この問題に取り組んだのは、東京大学の對比地孝亘《ついひじたかのぶ》さん（現・国立科学博物館）です。現生の鳥類と爬虫類との比較形態学から、竜脚類は頸椎《けいつい》の上側に靭帯を発達させていたことがわかりました。靭帯が吊《つ》り橋のロープのような役割をし、長い首を引っ張《ぱ》って負担を軽減《けいげん》させていたようです。

岡山理科大学の林昭次《はやししょうじ》さんは、科博のステゴサウルスの標本を使った研究である発見をしました。

林さんのアプローチのひとつが、骨の組織《そしき》学です。簡単にいうと、骨の化石の内部構造《こうぞう》を、顕《けん》微鏡《びきょう》などを使って調べる研究です。

あるとき林さんがステゴサウルスの骨を調べていると、背中にある板状の骨の内部の年輪状の構造から推定される年齢《ねんれい》と、尻尾《しっぽ》のスパイク状の骨の内部構造から推定される年齢が合わないことがわかりました。それは、シンプルに考えれば背中の骨と尻尾の骨が別個体のものであることを示していて、当初はガッカリしていたのですが、ほかのステゴサウルスを調べるなかで、新たなことが見えてきたのです。

じつは、ほかのステゴサウルスも、背中の板より尾のスパイクのほうが年齢が若《わか》かったのです。

つまり、尾のスパイクはある程度成長してから発達してくるのだということが、この研究で示されました。

ステゴサウルス（*Stegosaurus*）
ジュラ紀後期に生息した草食恐竜で、剣竜類のなかでは最大級。背中には骨質の板（プレート）が2列互いちがいにならび、尾には骨質のトゲ（スパイク）があった。

北九州市立自然史・歴史博物館に所属《しょぞく》している大橋智之《おおはしともゆき》さんは、科博のヒパクロサウルスの標本で植物の食べ方の効率性《こうりつ》の進化に関わる研究をしました。

ヒパクロサウルスなどのハドロサウルス類は、口の中に数百本もの歯を持っていることが知られています。そして大橋さんは、頬部《きょうぶ》の骨が少しひずむように横方向に動くことによって、たくさんの歯の生えている顎を効率的に使えたらしいことを、コンピューター解析《かいせき》によって明らかにしたのです。

ほかにも、理化学研究所の平沢達矢《ひらさわたつや》さんはティラノサウルスなどの獣脚《じゅうきゃく》類から鳥類への呼吸方法の進化について、福岡大学の田上響《たのうえきょう》さんは鎧竜《よろいりゅう》の歯の進化について、研究成果をあげています。

最古の恐竜の足跡を追え

東京大学博物館の久保泰《くぼたい》さんも、恐竜展示室で一緒に研究していたひとりです。

彼は、恐竜の起源《きげん》に関心をもつ研究者。恐竜は三畳紀に爬虫類の一部から誕生《たんじょう》したと考えられています。爬虫類が進化し、恐竜になる、その境界線《きょうかいせん》に迫るのが彼の研究です。

さて、この謎《なぞ》を解《と》くために、どのような研究をしたらいいでしょうか。いろいろな方法を試しながら、彼が選んだのは、足跡《あしあと》化石の研究でした。

恐竜が歩いているところを見た人間はおそらくひとりもいないでしょう。でも、足跡の化石はたくさん見つかっています。

特徴は、一直線であること。

恐竜以外の爬虫類は骨盤に穴があいていないので、ガニ股になり、左足と右足が左右に離れて残ります。一方、恐竜はガニ股ではないので、一本の線の上に左右の足跡が離れずに残るのです。恐竜の種まではわか

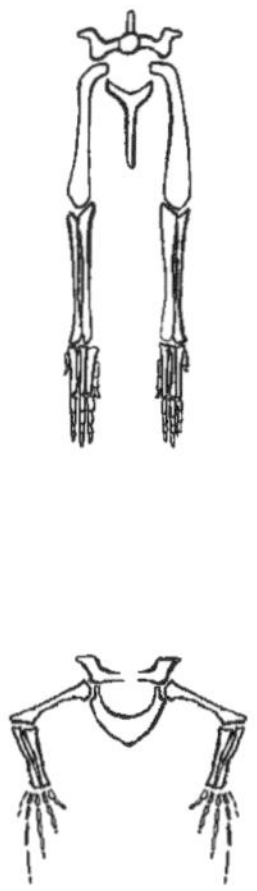

恐竜と爬虫類の後ろあしのつき方と足跡

恐竜の足跡（上）と、中生代に二足歩行で走っていたとされているトカゲ類の足跡（下）。恐竜の足跡化石は、一本線上に左右の足跡が離れずに残っている。

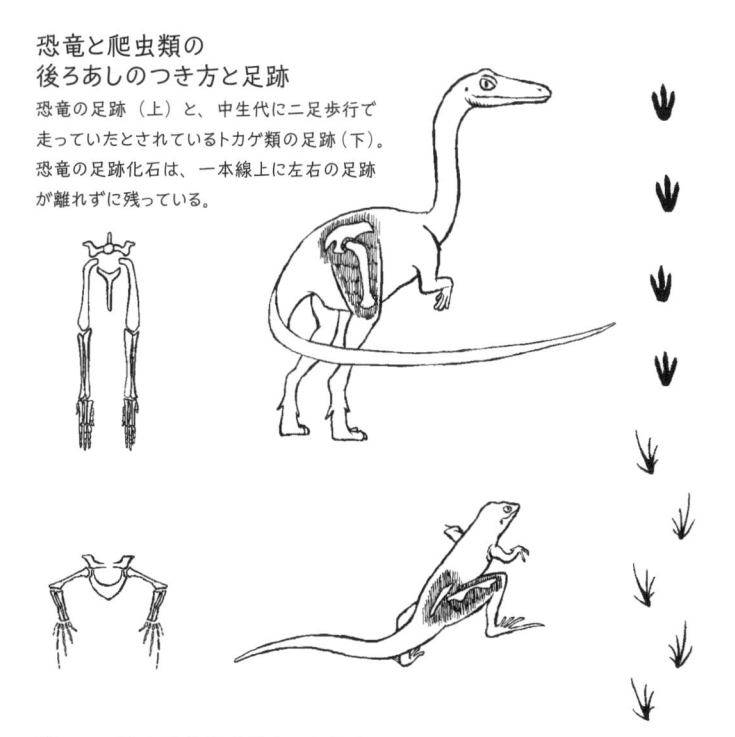

らなくても、恐竜であることはわかる、というわけです。

恐竜は三畳紀後期、今からおよそ2億2000万年前に登場したと考えられています。見つかっている恐竜化石はすべてこの時代以降のものだからです。

ところが、足跡の化石をくわしく調べていくと、それよりも古い、2億4000万年前くらいから、恐竜的な歩き方をする足跡が確認できます。恐竜誕生以前の地層から、恐竜の足跡化石は出ないはずです。これは骨の化石だけを見ていては、わからないことでした。

もしかしたら、恐竜の起源は現在考えられているよりもずっと古かったのかもしれません。誕生した場所も、現在有力視《ゆうりょくし》されているアフリカや南米ではないのかもしれません。足跡化石が、そんな可能性に気づかせてくれています。

大きな恐竜の子育て事情

爬虫類は通常《つうじょう》、卵を生みっぱなしにします。もちろん、そこらへんにゴロゴロ転がしていたらほかの生物に食べられてしまいますから、土に埋める。その後は、見張《みは》りをすることはありますが、基本的には抱卵《ほうらん》することはありません。恐竜もこれと同じで、生みっぱなしにしていたのだろうと、少し前までは考えられていました。

1979年。子育て恐竜マイアサウラの巣についての論文が出ました。マイアサウラの親が、まだ巣立ちができていないヒナにエサを運んでいたことがわかったのです。現生の爬虫類からはこのような子育ては想定されませんでした。ちなみに、「マイア」とは「良いお母さん」という意味です。

この発見は、恐竜の行動がワニやトカゲのような爬虫類よりも鳥類に近かったことを印象づけたといえます。さらに1990年代後半には、オヴィラプトルなどの小型の恐竜が抱卵していたこともわかりました。

鳥が恐竜の子孫だと考えれば、驚くにあたらないことかもしれません。つまり、子育ては恐竜の段階から始まっていた、ということです。

そして2018年、筑波大学の田中康平《たなかこうへい》さんが発表したのは、体重2トンを超す大きなオビラプトロサウルス類の抱卵についての研究でした。

田中さんは北海道大学の小林さんの教え子で、カナダのカルガリー大学で博士号を取得して帰国したばかりの若手研究者です。

体格の大きな恐竜は卵の上に座れません。そんなことをしたら、せっかく生んだ卵が割《わ》れてしまいますよね。では、どうしていたか。

大きな恐竜は、卵をドーナツ状にならべ、そのドーナツの穴のところに座って温めていたようだというのが、この論文の内容《ないよう》です。実際に、中国では、直径約2メートルの輪状に卵がならんだ巣の化石が見つかっています。

また、ほかの恐竜では、土に埋めたり（地熱の利用）、植物をかけたり（植物の発酵《はっこう》熱の利用）するものもいたと報告されています。

大型オビラプトロサウルス類の抱卵

産んだ卵を大きく輪を描くようにならべ、その中央に親が座り、羽毛の生えた腕を広げて温めていたのかもしれない。

コラム

卵泥棒の意外な正体

白亜紀後期に、オヴィラプトルという恐竜がいました。

オヴィラプトルとは「卵泥棒《たまごどろぼう》」という意味で、この不名誉《ふめいよ》な名がついた経緯《けいい》については後で説明しますが、のちに卵の上に座っている化石が見つかったことから、卵を温めていた「抱卵恐竜」としてよく知られるようになった恐竜です。

ところで、卵を産むためには殻《から》をつくるカルシウムがたくさん必要になります。しかしカルシウムは水溶性《すいようせい》が高いので、体内に蓄《たくわ》えておくことがなかなかできません。

では、産卵期の鳥はどうしているのでしょう。

じつは、太ももの大腿骨などの内壁《ないへき》部分にカルシウムを貯蔵《ちょぞう》しておく仕組みがあることがわかっています。鳥の祖先である恐竜にも同様の仕組みがあったようで、この部分の骨の組織をくわしく分析すると、その化石が産卵期のメスかどうかがわかります。

そして、先ほどの卵を温めていたオヴィラプトルを調べると、カルシウムが沈着《ちんちゃく》した形跡《けいせき》がなく、卵を産んだお母さんではなかったらしいことがわかりました。つまり、お父さん恐竜が子育

コラム

卵泥棒の意外な正体

てをしていた可能性が指摘《してき》されています。

　鳥ではめずらしいことではなく、メスよりもオスのほうが体の大きい種では、たとえばペンギンのように、メスが産卵をしたあとオスが抱卵するケースは多いです。体の大きいオスのほうが、卵を温めるのには有利だと考えられています。

　１９２０年代、オヴィラプトルの化石はある恐竜の巣の近くで発見されました。当初、この巣にあったのが草食恐竜プロトケラトプスの卵とされ、その卵を食べに来ていたのだと考えられたことから「卵泥棒」の汚名《おめい》を着せられたのがその名前の由来です。しかし、１９８０年代から90年代にかけて、プロトケラトプスの卵だと思われていた化石の中からオヴィラプトル類の化石が発見され、さらに卵の上に座っている化石も見つかったことで、どうやら自分の卵の上に座って温めていたらしいこと、つまり鳥類のような行動をしていたらしいことがわかったのです。

　こうして、半世紀越しで「泥棒」の濡れ衣が晴れました。

　そして、かつては卵泥棒と思われた恐竜が、最新の研究で、じつはイクメン恐竜だったかもしれないということが新たに見えてきました。このように、骨の組織学は生物学を用いた恐竜へのアプローチとして、現在たいへん注目されています。

永遠に濡れ衣

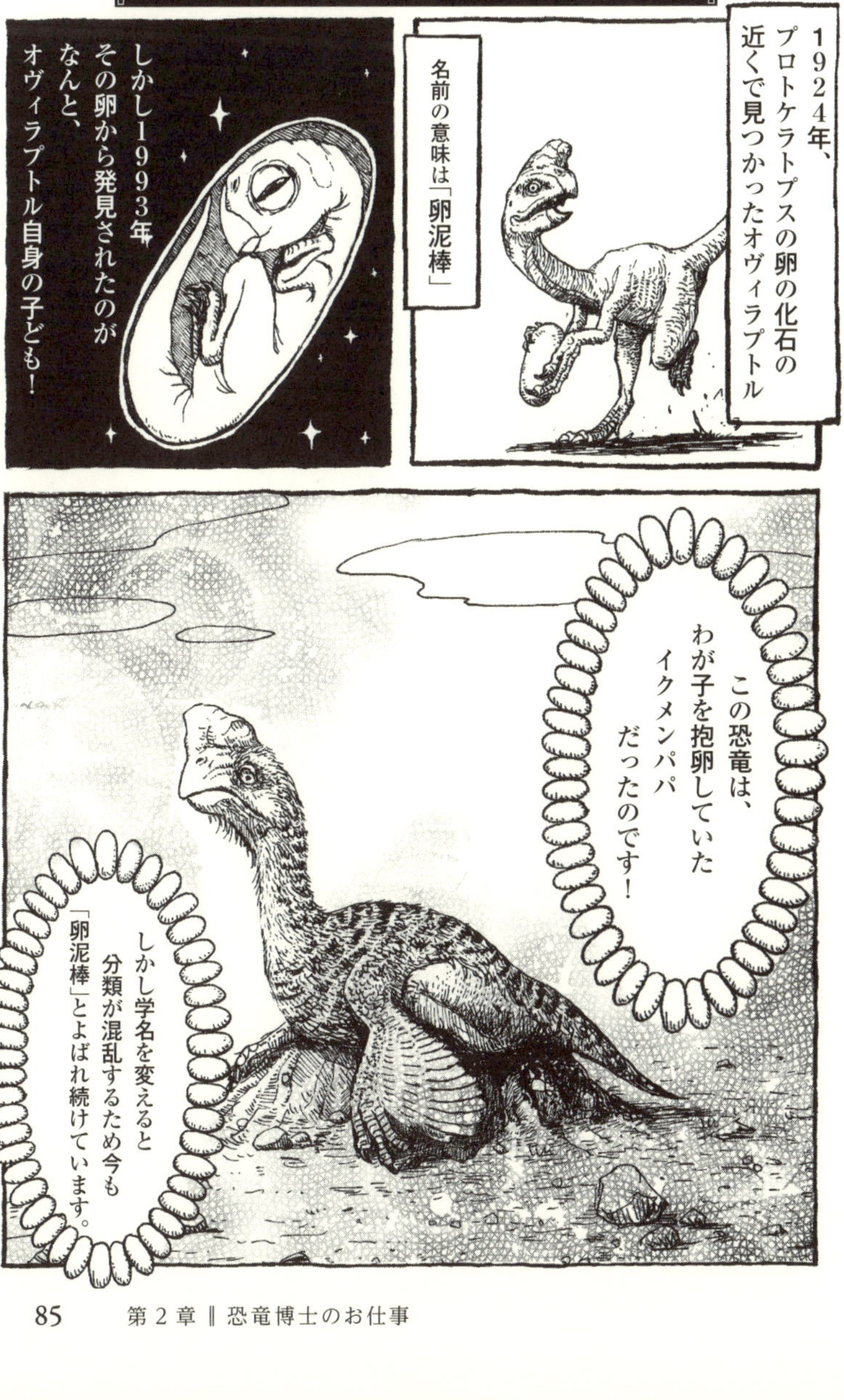
1924年、
プロトケラトプスの卵の化石の
近くで見つかったオヴィラプトル
名前の意味は「卵泥棒」
しかし1993年
その卵から発見されたのが
なんと、
オヴィラプトル自身の子ども！
この恐竜は、
わが子を抱卵していた
イクメンパパ
だったのです！
しかし学名を変えると
分類が混乱するため今も
「卵泥棒」とよばれ続けています。

羽毛をつくるスイッチを見つけた

恐竜から鳥への進化の謎に、遺伝子《いでんし》から挑んだ例も紹介します。

2017年2月、東北大学の田村宏治《たむらこうじ》先生がとても興味深い論文を発表しました。田村先生が調べたのは、鳥の卵。正確《せいかく》には、卵の内部で細胞分裂《さいぼうぶんれつ》が起こり、卵がヒヨコになっていく過程《かてい》を研究する、発生学とよばれる学問です。

このとき発表されたのは、羽毛をつくる遺伝子についてでした。

羽毛は、鳥の大きな特徴です。その羽毛をつくる遺伝子を見つけようと、48種類の鳥のゲノム（遺伝情報）をほかの動物のゲノムと比較して調べてみた。その結果、羽毛をつくる遺伝子は、鳥類だけでなく、なんと哺乳類にもあることがわかりました。哺乳類が羽毛をつくらないのは、羽毛をつくる遺伝子のスイッチがオフになっているからだそうです。

この結果が何を示しているかというと、爬虫類から恐竜、そして鳥への進化の過程で起きたのは、羽毛をつくるための新しい遺伝子の獲得《かくとく》ではなかったということです。鳥に進化する以前からもっていた遺伝子の使い方を変えた（スイッチをオンにした）ことで羽毛を生やしたと推察《すいさつ》できます。

田村先生は、このほかにも、鳥と恐竜の指の起源がちがっているという長年未解決だった問題（指論争）についても、有力な学説を提唱《ていしょう》しています。

このように現在の生物から、太古の生物である恐竜を研究することもできるのです。

130年ぶりの新分類？

2017年3月、恐竜の系統分類に関する新説が発表されました。それは、データ解析アプローチによって得られたものでした。

恐竜には、獣脚類《じゅうきゃくるい》と竜脚形類《りゅうきゃくけい》からなる「竜盤類《りゅうばん》」と、装盾類《そうじゅん》、鳥脚類《ちょうきゃく》、周飾頭類《しゅうしょくとう》からなる「鳥《ちょう》盤《ばん》類」という二大分類があります。1887年にイギリスの古生物学者、ハリー・シーリーが提唱したもので、骨盤のカタチのちがいに着目することで生まれた分類です。19世紀の発見が

130年以上経った現在も使われているのですから、たいへんな先見《せんけん》の明《めい》の持ち主だったといえるでしょう。

ただ、その後、恐竜は鳥に進化したという説が広く知られるようになり、さらに、鳥に進化したのは竜盤類で、「鳥」とつくほうの鳥盤類の恐竜は絶滅して鳥にはなっていないことがわかったので、ちょっと混乱する人も出てきてしまいました。

そして、2017年に出た新説は、この分類に疑問《ぎもん》を投げかけるものでした。

シーリーが重視したのは骨盤です。でも本当に骨盤がいちばん重要なのでしょうか？ 気になるポイントはいくつもあります。頭の骨のカタチ、歯のカタチやならび方、羽毛の有無、手首の関節、などなど。どのポイントのちがいが進化を読み解くうえでもっとも説得力があるのか、長年、世界中の恐竜学者が頭をひねってきました。

系統解析では、多変量《たへんりょう》解析的に全身の特徴（形質とよばれます）をコンピューターで解析するのが一般的です。

今回の研究は「恐竜以前の爬虫類の形質も幅広く入力して、系統解析をやり直してみよう」という内容のものでした。そしてもう一度系統解析をやり直してみたら、「竜盤類（ティラノサウルス、デイノニクスなどの獣脚類は除外）」と「オルニトスケリダ類（鳥盤類と、竜盤類から除外された獣脚類）」というまったく新しい二つのグループが出てきたのです。

つまりこの新説によると、鳥につながる獣脚類は、竜脚類よりも鳥盤類に近縁ということになります。

これは、とても興味深い説です。しかしまだ仮説段階ですから、すぐに飛びつかないのが賢明《けんめい》でしょう。現在は世界中で検証が続いており、完全否定もされていませんが、まだこちらがいいともいえないという状況です。

コンピューターを用いて、幅広い特徴を網羅《もうら》し、常識《じょうしき》にとらわれず、より客観的に化石を分析するというアプローチは、今後ますます増えていくのはまちがいありません。想像もしなかったような画期的な発見が生まれる可能性もあります。

コラム

歯か？　骨か？　化石の見方で仮説は変わる

化石だけで、どうやって恐竜を分類しているのだろう？

こんな疑問をもたれたことがあるかもしれません。多くの人が抱く謎のようで、質問を受けることもあります。

鳥類以外の恐竜は、約6600万年前に絶滅しています。だからその形質を知る手がかりは、長い年月が経っても残りやすい硬《かた》い部分の化石だけです。たまに羽毛やウロコが残っていることもありますが、基本は骨、それから歯ということになります。

もっと情報が残っていればいろいろとわかるのですが、これればかりは自然が相手なので仕方ありません。恐竜は研究が始まって以来ずっと、骨と歯の似ているところ（類似性《るいじせい》）などを手がかりに分類を考えてきたのです。

恐竜研究が始まった19世紀末、最初に注目されたのは歯でした。

歯は生き物の体のなかでもっとも硬い部分です。本数も多いし、爬虫類やサメなどの歯は何度も生え替わるので、化石として残る可能性がもっとも高い。これまで見つかっている恐竜化石のなかでも、いちばん多い部位は歯だと思います。

人類が最初に発見した恐竜がイグアノドンの歯だったのは、そう考えると、自然な流れだったのでしょう。19世紀の研究者でも、その歯を見れば「大きな爬虫類だ！」とすぐにわかったからです。

次に注目されたのは、歯の生え方です。

人間は、歯の本数だけ、顎に穴があいています。だから顎の骨にあいた穴の数を数えれば、生えていた歯の数がわかります。

これに対して、爬虫類は一生、歯が生え替わる生き物です。多くの爬虫類の顎には穴はなく、顎の内側に歯がならんでいるだけ。今生きているトカゲやヘビの口を広げると、歯茎《はぐき》から1本ずつ生えているように見えるかもしれませんが、骨だけになると穴はありません。

しかし、爬虫類の仲間である恐竜の化石を見ると、じつは顎に穴があいているのです。また、現生でも一部の爬虫類でそのような特徴が見られます。それはワニです。

この、「顎の穴に歯が埋まっている」という特徴に注目して提唱された分類が「槽歯類《そうしるい》」です。

つまり、歯の生え方に注目した人が「爬虫類のなかに、高度な歯の生え方をしているグループがいる。そこにワニ、恐竜、翼竜が含まれる」と分類したのです。

ところがその後、さらにたくさんの化石をよくよく調べていくと、歯の生え方だけではなく、体の各部にいろいろな形質が潜《ひそ》んでいたことがわかってきました。

たとえば、ここに紅茶、麦茶、ウーロン茶があったとしましょう。僕たちが今、知っている飲み物はこれだけだとします。

ある人が色に注目して「茶色という形質で『飲み物』を定義しましょう」と提唱します。矛盾《むじゅん》はないように見えるので、みんな納得《なっとく》するかもしれません。そうしたら、新しくトマトジュースが見つかりました。茶色ではないけど、どうやら飲み物らしい。すると、飲み物の定義を変えなくてはいけません。「茶色または赤色をしている」と変えればいいのでしょうか。「もしかしたらほかの色もあるかもしれない。色とはちがうところ、たとえば味に注目して定義し直してみよう」という人も出てくるかもしれません。

似ている特徴に注目するのは、恐竜の分類でも同じです。この例では色でしたが、恐竜の場合は、歯の生え方が爬虫類としてめずらしい形質をもち、それが共通しているという理由から最初に注目されました。しかし、いろいろな化石を見くらべていくことで、もっと気になる形質が見

コラム

歯か？　骨か？　化石の見方で仮説は変わる

えてきた。そこで、「分類し直そう」ということになったのです。

　手がかりが骨や歯だけなのは、昔も今も基本的には変わりません。でも、データが蓄積《ちくせき》されれば、その分、いろいろなことが見えてきます。そして、注目すべきところが変わっていく。それが、恐竜の分類、そして爬虫類の進化について考えていくということでもあります。

　ですから、これらの分類は、あくまでも仮説にすぎないともいえます。

　多くの研究者が今「正しいだろう」と信じている説も、いつか総崩《そうくず》れになってしまう可能性もゼロとはいえません。逆に、正しければ、新しい証拠《しょうこ》が加わることで、より確からしさが増していくことになります。

　いずれにしても、化石、さらにそこから得られるデータは、増えれば増えるほど僕たちは真実に近づけているはずです。

　先程、2017年に提唱された新分類についてのお話をしました。こういう新説が出てくるのは、恐竜学の歴史では、決してめずらしいことではないのです。

　この説も恐竜を2つの大きなグループに分けるところまでは同じです。骨に注目しているのも同じ。ちがうのは、分類の手がかりとする形質です。これまでは骨盤のカタチだったのを、この説では、骨のさまざまな解剖学的特徴をそれぞれ数値化したデータを使って、分類し直しています。
つまり、紅茶、麦茶、ウーロン茶、トマトジュースのもつさまざまな特徴をできるだけたくさんデータ化して分析したら、そこからまったくちがう分類が見えてきました、ということです。

この新説については、現在、検証が進められています。

提唱者が公開しているデータを見てみると、もともとの解析は恐竜の初期進化を解明しようとした研究でした。そのため、たとえばマイアサウラが入っていないし、ティラノサウルスも入っていない。こういったことを確認して、抜けている重要な恐竜のデータもきちんと加えてもう一度解析をかけてみると、どうなるでしょうか。それでも同じ結果になるのか、あるいは……？

現在、その検証（「追試」）が、世界中で行なわれている最中です。

ひとりの天才のひらめきよりも

恐竜学のジグソーパズルはたいへん複雑です。これを解くには、多くの凡人《ぼんじん》たちの力が必要だと考えています。

天才ではなく、凡人です。

僕はかつて、大発見とは優秀《ゆうしゅう》な人がするものだと思っていました。でも今は、それはまちがいだったと思います。少数の優秀な人がいればそれでいいわけではなく、とにかくいろいろな人がたくさん関わり、見て、考えることが大切。そうすることで、多様な視点が生まれ、多くのことに気づくことができる。

なかにはとんでもない失敗もあるでしょう。でも、そのような試行錯誤《しこうさくご》を積み上げて、学問は前に進んでいくと思っています。

重要なのは、いろいろな凡人が、ああでもない、こうでもないと、足りないピースを埋めようと工夫し続けることです。だからこそ、思いがけない発見にたどり着ける。学問の進歩とは、こういうものだと思うのです。

また、恐竜学の進歩に必要なのは、研究者だけではありません。

恐竜を専門《せんもん》に研究する古生物学者がいちばん活躍するのは当然のことです。しかし専門性を高めていけばいくほど注目する範囲《はんい》が特定の種類に限《かぎ》られたり、また研究手法も狭《せば》められてしまうことが多々あります。

そういうときに、ふと投げかけられる素朴《そぼく》な疑問が重大な役割《やくわり》を果たす例は少なくありません。

子どもたちの「知りたい」「わかりたい」という気持ちから出てくる質問や疑問にも、多様な視点が含まれています。「それはわかりません」と取り合わないでいるのはもったいない。わかりようもないことでも「本当にそうなのか」「どうしてわからないと決めつけているのだろう」と改めて考えてみることも大切だと思っています。

知りたい。わかりたい。解決したい。

恐竜に興味をもち続けるすべての人が、恐竜学を進歩させていくのです。

第3章

博物館のつくり方

恐竜展をつくる

恐竜博２０１９

僕が勤《つと》めているのは、国立科学博物館という博物館です。研究施設《しせつ》は茨城《いばらき》県つくば市にありますが、みなさんご存知《ぞんじ》の展示《てんじ》施設は東京の上野にあり、近年は年間２６０万（※２０１７年以降のデータに基《もと》づくのべ人数）を超《こ》すお客様にお越《こ》しいただいています。博物館に勤める者としては、この博物館の展示をつくるのも大事な仕事です。

科博の恐竜展示は、地球館の地下1階の1フロア。ここは常設展示なので、いつ足を運んでも楽しんでいただくことができます。

また、常設展示とは別に、数年に一度、恐竜をテーマとした特別展も開催《かいさい》しています。直近では、２０１６年に『恐竜博２０１６』を開催しました。そして現在取りかかっているのが、

２０１９年の夏に開催する『恐竜博２０１９』です。

特別展の準備《じゅんび》には、だいたい3年ぐらいかかります。つまり、２０１６年の特別展が終わって間もない時期から、僕たちは次の特別展に向けての準備をスタートさせていました。

最初は「次はどんな展示にしよう」と考えるところから始まります。

そして、いろいろなアイデアを出しあって検討《けんとう》していくうちに、２０１９年がちょうど「恐竜ルネサンス」から50年の記念の年にあたることに気がつきました。

デイノニクスという新種の恐竜が、ジョン・オストロム先生によって命名されたのは今から50年前の１９６９年。「恐竜は恒温《こうおん》（温血《おんけつ》）動物であり、鳥に進化した」という現在の常識《じょうしき》のもととなった恐竜です。

この発見とその後の展開は、のちに「恐竜ルネサンス」とよばれたほどのパラダイムシフトでした。パラダイムシフトとは、それまでの常識がひっくり返る劇的《げきてき》な変化という意味の言葉。恐竜ルネサンスは恐竜学の歴史において、大げさでなくそれほどの大転換《だいてんかん》だったのです。

というわけで、恐竜学の歴史とこの50年間を振《ふ》り返りながら、最新の化石や恐竜を紹介《しょうかい》するという展示の大枠《おおわく》のテーマが決まりました。

恐竜展の「目玉」

さて、特別展となればやはり、目玉展示も必要になります。つまり、「世界最大」「世界初」といった、わかりやすく興味《きょうみ》をひく展示です。

『恐竜博２０１６』では、スピノサウルスの全身骨格《こっかく》が目玉展示のひとつでした。スピノサウルスは、エジプトを調査《ちょうさ》していたドイツ人古生物学者が発見し、１９１５年に命名された肉食恐竜です。背中に帆《ほ》のようなものがあり、もしかしたらティラノサウルスよりも大きいかもしれないと話題になりました。ところが展示していた博物館が第二次大戦のミュンヘン空襲《くうしゅう》で焼失。標本も焼けてしまった。その後もなかなかいい化石が出てこなかったため、なんとなく

「忘れ去られた恐竜」になっていたのです。見つかるのは歯ばかりで、本当にティラノサウルスより大きいのかも、判然《はんぜん》としない状態《じょうたい》が続きました。

スピノサウルス復活《ふっかつ》のきっかけは、2003年に公開された映画『ジュラシック・パーク3』でした。ハリウッド的にも、ティラノサウルスよりも大きく、そして強かったかもしれないスピノサウルスは新しいスターに相応《ふさわ》しかったのでしょう。映画の主要キャストとして登場すると、すぐに子どもたちの人気者になり、スピノサウルスは有名な恐竜になりました。

同じころ、エジプトと同じ地層《ちそう》がつながっているモロッコで、ある化石が見つかりました。この化石が、新たに見つかったスピノサウルスのもの

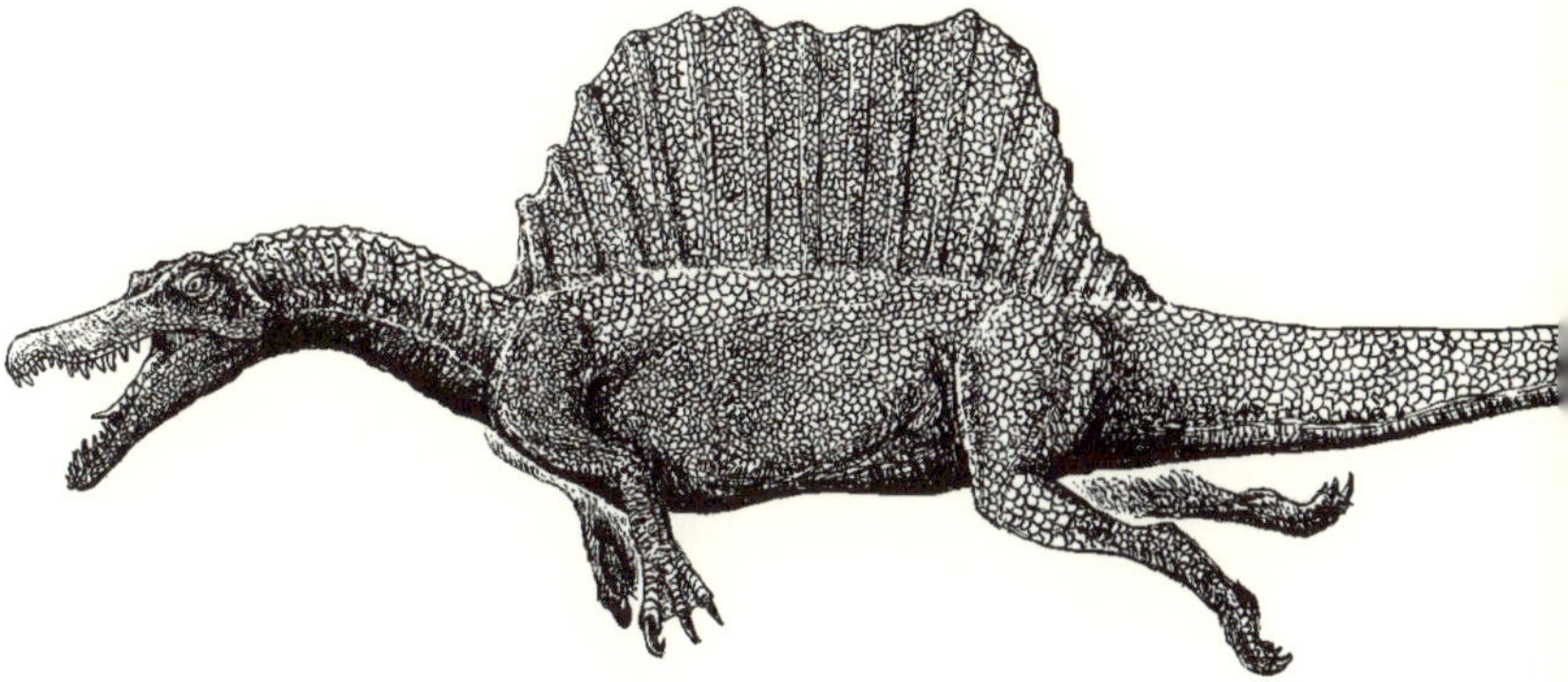

スピノサウルス（*Spinosaurus*）

白亜紀後期に生息した大型の獣脚類で、背中の帆のような突起が特徴。口先は細長く、魚をエサにしたと考えられている。

で、研究の結果、スピノサウルスはティラノサウルスよりも大きかったことが確認《かくにん》されました。
１９１５年の発見以来百年経《た》って、ようやく全貌《ぜんぼう》が明らかになった。『恐竜博２０１６』では、日本で初めて全身骨格を組み立てて展示しました。

『恐竜博２０１９』の目玉になるのは、デイノケイルスと「むかわ竜」の全身復元骨格です。どちらも『恐竜博２０１９』のために、世界で初めて復元されたものです。

デイノケイルスは、１９６５年に発見された手の化石のみで知られた恐竜で、１９７０年に命名されました。腕《うで》の長さはなんと２・４メートル。獣脚類《じゅうきゃくるい》恐竜として最長の前肢《ぜんし》で、指先は鋭《するど》く尖《とが》っ

デイノケイルス（*Deinocheirus*）
最初に発掘された巨大な手の化石からのみで知られた謎の恐竜で、名前は「恐ろしい手」を意味する。近年、全身がわかる２体の化石が発見され、その姿が明らかになった。

ていました。相当獰猛《どうもう》な肉食恐竜だったにちがいないと、当時かなり話題になったので、覚えている方もいるかもしれません。

しかし、その後、体のほかの部分はなかなか見つかりませんでした。やっと2006年になって化石が見つかるようになり、全身像がわかる論文《ろんぶん》が2014年に発表されました。

この「謎《なぞ》の恐竜」の全貌は、意外なものでした。

顔つきはハドロサウルス類のようで、口の前部はクチバシで顎《あご》には歯がありません。胃の内容物らしい魚の化石が含《ふく》まれていましたが、砂嚢《さのう》のように小石が密集《みっしゅう》した消化器官があることから植物を食べていた可能性《かのうせい》が高く、雑食《ざっしょく》だったようです。つまり、獰猛な肉食恐竜ではなさそうだということがわかったのです。また、背中にはスピノサウルスのような帆がありました。

このデイノケイルスをどのようにお見せしようか。

今、この本を読んでいるみなさんは、もしかしたらすでに展示を見てくださっているかもしれませんが、この原稿を書いている今の僕は、その課題に頭を悩《なや》ませている最中です。

「むかわ竜」は、北海道のむかわ町で見つかった日本産の恐竜で、学名はまだついておらず、これは愛称《あいしょう》です。

海の地層で発見されたことから、最初は海に暮《く》らす首長竜のような海生爬虫《はちゅう》類だろうと思われていましたが、首長竜の専門家である東京学芸大学の佐藤たまきさんによって恐竜である可能性が指摘《してき》され、その後、北海道大学の小林さんが見たら「ハドロサウルス類らしい」ということがわかりました。

しかも、このときにあったのは尾椎《びつい》の一部でしたが、そこから改めて現地調査をしたら、運のいいことに、頭から尻尾《しっぽ》、手足まで、全身骨格につながるような化石が出てきました。この化石は新種として、現在、記載《きさい》論文が投稿《とうこう》されたところです。

復元にまつわる数字のあれこれ

恐竜の展示には、恐竜の全身復元骨格が欠かせません。

「むかわ竜」
国内で初めて、ほぼ全身の化石が発見された。7200万年前（白亜紀後期）に生息したハドロサウルス類の新種とみられている。全長は推定8メートル。

恐竜の姿と大きさを体感してもらうために、必要不可欠なものです。

まず見つかった化石と、最新の研究、さらにこれまで蓄積《ちくせき》されてきた恐竜学の知見《ちけん》を集め、慎重《しんちょう》に議論《ぎろん》を重ねて復元していきます。一体分の骨がすべて、それも完璧《かんぺき》につながった状態で見つかることは小さな恐竜以外ではまずないので、組み立てること自体が重要な研究でもあります。

そして、ここにはいろいろな難題《なんだい》が立ちはだかります。

たとえば、全長の問題です。大きな恐竜の化石は、体の一部のみが発見されるのがあたりまえ。頭部だけしか見つかっていないということもあります。頭のようによく動く部分は、死後、化石になる過程《かてい》で、首から外れてしまうことも少なくありません。頭だけから全身を復元するわけですから、推測《すいそく》せざるを得ない部分が多々あります。

論文であれば、「全長は○メートル~○メートルの間と考えられる」と幅《はば》をもたせて表現することができます。でも、全身骨格をつくるときは、そういうわけにはいきません。具体的に○メートルと決めなくてはつくれない。

その点でいうと、「むかわ竜」は問題ありません。全身のかなりの部分の骨が見つかったためです。これは本当に、奇跡《きせき》的な発見でした。

また、「骨の○パーセントが見つかっている」といった、骨の網羅率《もうらりつ》の表現にもけっこう幅があるのをご存知でしょうか。

論文などでは、恐竜の全身を横から見た骨格図を描いて、見つかっている部分を黒く塗《ぬ》り、その面積が全体の何パーセントを占《し》めているかで表現するのが一般的です。ただ、これは二次元なので、右から見た場合、左から見た場合、上から、下から見た場合でちがってきます。正確《せいかく》に伝えようとすると、注釈《ちゅうしゃく》をつける必要があります。

本当は三次元で説明するのがいいのですが、これはものすごく計算が大変です。

全部数えればいいという簡単《かんたん》な話ではなく、見つかる化石のなかにはどこの部分かわからない破片《はへん》も多数含まれています。また全部が1個体の化石だという保証《ほしょう》もありませんし、別の種の化石が混《ま》ざっている可能性もあります。そのため、どうしても「○パーセント以上」といった表現になってしまうのです。

「むかわ竜」は骨の点数だけでいうと何百点と見つかっています。現在、全身の約8割《わり》にあたる骨が確認できていますが、どこの骨かわからない破片がまだたくさん残っていて、これをどう数えるかで、大きく変わってくるかもしれません。

「恐竜の絶滅」を見せる

『恐竜博2019』では、僕の研究テーマでもある「恐竜の絶滅《ぜつめつ》」に関する最新の研究も大きく取り上げます。

約6600万年前に起こった、隕石《いんせき》の衝突《しょうとつ》。それに伴《ともな》う恐竜の絶滅と、一部の恐竜が鳥に進化していて絶滅を免《まぬが》れたというストーリーは、みなさんもよくご存知でしょう。

まず、その隕石の衝突が何でわかったかというと、地球の表面には通常《つうじょう》存在しないイリジウムという元素《げんそ》です。この元素が、6600万年前の地層から非常に高い濃度《のうど》で出てきます。また、隕石の衝突の際にできる衝撃石英《しょうげきせきえい》（石英とは、二酸化珪素《にさんかけいそ》からなる鉱物《こうぶつ》のこと）も見つかっています。

隕石がメキシコあたりにポンとぶつかっただけで、世界中の恐竜が滅《ほろ》びるものだろうか？と、疑問《ぎもん》に思う方もいるかもしれません。この時期の地層には、大気圏《たいきけん》に舞《ま》い上がってやがて地表に降《ふ》り注いだ破片が全世界で確認できます。カリブ海に近いほど分厚《ぶあつ》く、遠く離《はな》れたオーストリアやインドにもその痕跡《こんせき》は残っている。

ここから推測できるのは、こんな様子です。

直径10キロくらいの隕石が現在のカリブ海の位置にあった浅い海に落ちて粉々《こなごな》に壊れ、海底にも大きな凹《へこ》み（クレーター）ができた。隕石と地球の破片は海の水蒸気《すいじょうき》と一緒《いっしょ》に空へ巻き上げられ、大気圏に層をつくります。この層のせいで太陽光線が地球表面に届《とど》きにくくなり、地表の温度が低下。光合成もしづらくなり、植物が激減《げきげん》したのです。

1つの隕石がグローバルな現象《げんしょう》を引き起こしたメカニズムはこのようなものです。ある研究では、光合成がほとんどできない時期が約2年間続いたといわれています。

隕石が落ちるまでの地球では、地上の支配者は恐竜でした。しかし、太陽光が遮《さえぎ》られ、植物が育たなければ、草食動物は十分なエサを食べられません。特に、体の大きい恐竜はたくさん食べなくてはいけないので、分《ぶ》が悪かったと考えられます。草食恐竜が減《へ》れば、それを食べる肉食恐竜も食べ物不足に陥《おちい》ります。

また、恒温《こうおん》動物（恐竜、哺乳《ほにゅう》類、今の鳥類）と変温《へんおん》動物（恐竜以外の爬虫類、両生類、魚類）のちがいも影響したはずです。同じ体重の恒温動物と変温動物では、体を維持《いじ》するために必要な食べ物の量は恒温動物のほうが何倍も多いのです。体温を一定に保つのに、多くのエネルギーが必要になるためです。食べるものが減れば、当然、恒温動物のほうが飢《う》え死にする可能性は高くなります。

つまり、恒温動物のなかでは体の小さいもののほうが、生き残る確率《かくりつ》は高かったと考えられる。また変温動物も体が小さいほうが有利でしたが、恒温動物にくらべると大きなものでも生き延《の》びやすかったでしょう。

その結果、恒温動物のなかでは、体の小さい哺乳類、そして同じく体の小さい、恐竜の一部から進化した鳥がこの環境《かんきょう》変化を生きぬくことができたのです。


この仮説はどこまで検証《けんしょう》されているのでしょうか。それを確認するためには、絶滅直後の時期にどんな生き物が生き残っていたかをくわしく見ていく必要があります。

たとえば、アメリカはコロラド州コロラドスプリングスの近くに、隕石衝突から数十万年後ぐらいの地層があります。出てくるのはおもに哺乳類や、ワニやカメなどの爬虫類の化石です。この化石を見てみると、ワニやカメの大きさは隕石衝突前後であまり変わっていません。しかし哺乳類は、衝突前と衝突直後には小さなものしかいないのに、衝突後からだんだんと大きなものが出てくる。つまり、体のサイズが大きくなったことがわかります。

さらに、この地層からは、哺乳類がワニを食べていたと考えられる化石も見つかり、現在研究が行なわれています。かつて恐竜がのさばっていた時代には、哺乳類は小さく、肉食の恐竜やワニにとっては格好《かっこう》のエサでした。しかし恐竜がいなくなると、その上下関係がひっくり返り、哺乳類がワニを食べるようになるといった変化がすぐに起こっていたらしいことが垣間《かいま》見えてきた。恐竜がいなくなって間もない時期に、もう、このような逆転《ぎゃくてん》が起こっていたことがわかるのです。

よく「短期間に恐竜が絶滅したのなら、死んだ恐竜の化石が大量に密集《みっしゅう》している層があるのではないですか？」と聞かれることがあります。たしかにそのような地層が見つかりそうなものですが、そんな層はまだ見つかっていません（2019年4月、ノースダコタ州で隕石衝突後の1時間未満の化石ではないかとされるものが報告されましたが、この解釈の妥当性《だとうせい》はまだ議論されている最中です）。

数千万年もの年月を乗り越え、21世紀の現在まで化石として残る生物の個体はごく一部にすぎません。よほどの条件がそろわないと、化石といえど後世までは残らないものなのです。僕たちは、そのわずかな手がかりを頼《たよ》りに、ひとつずつ仮説《かせつ》と検証を積み重ねていくしかないのです。

『恐竜博2019』では、こうした恐竜の絶滅についての最新研究も解説する予定です。

低燃費最強説☆

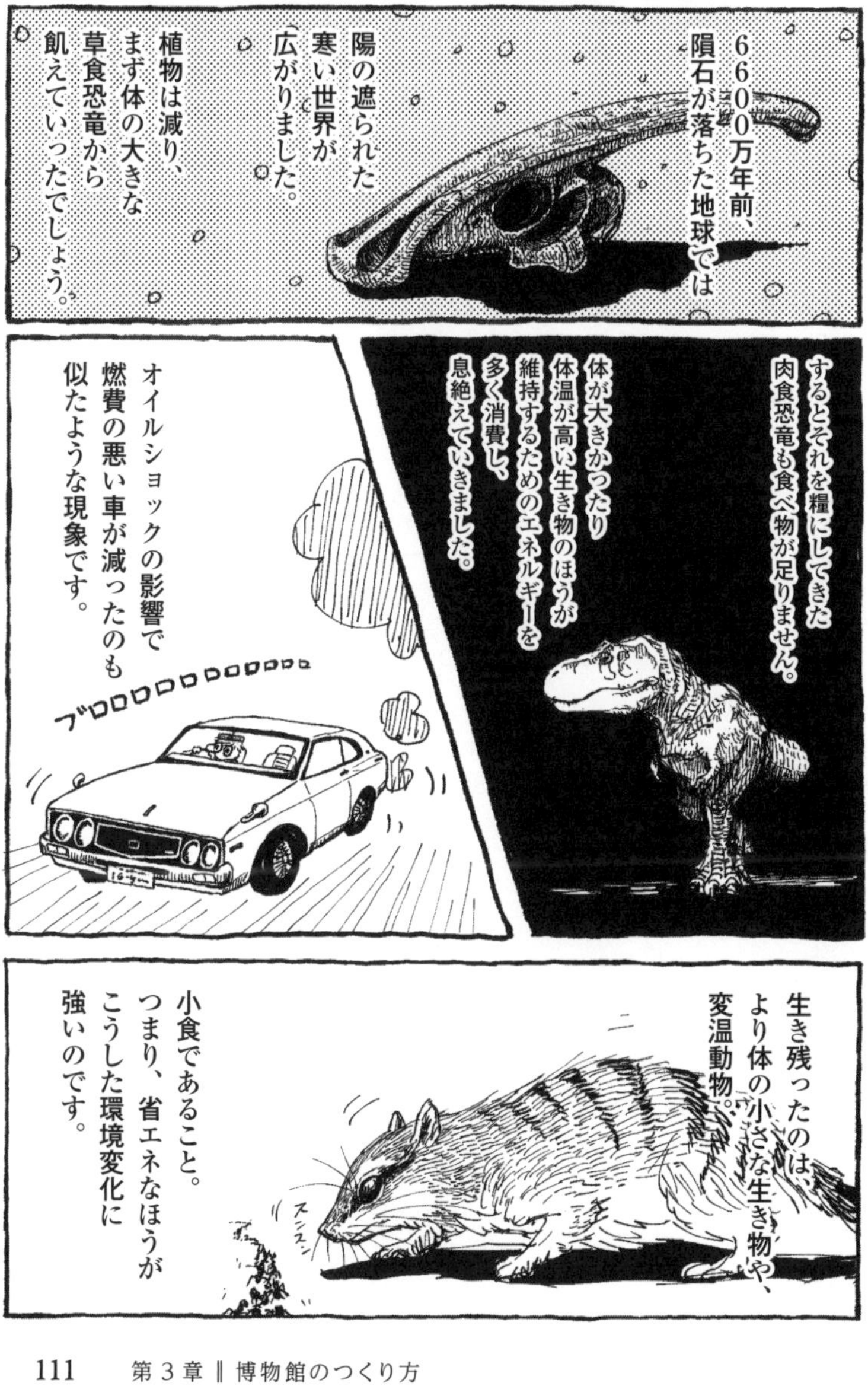
6600万年前、隕石が落ちた地球では
陽の遮られた寒い世界が広がりました。

植物は減り、まず体の大きな草食恐竜から飢えていったでしょう。

するとそれを糧にしてきた肉食恐竜も食べ物が足りません。

体が大きかったり体温が高い生き物のほうが維持するためのエネルギーを多く消費し、息絶えていきました。

オイルショックの影響で燃費の悪い車が減ったのも似たような現象です。

ブロロロロロロロロロロロロロ
生き残ったのは、より体の小さな生き物や、変温動物。

小食であること。つまり、省エネなほうがこうした環境変化に強いのです。

スンスン

恐竜展の悩ましき問題

展示標本をお借りする

期間限定で行なう恐竜の特別展では、国内外の博物館や研究機関から、実物化石やレプリカといった貴重《きちょう》な資料《しりょう》をお借りしなければなりません。

国内の博物館の場合は、所蔵《しょぞう》標本は必要に応《おう》じて貸《か》し借りし、おたがいに足りない部分を補《おぎな》いあいながらやっていくという共同体意識《いしき》があるため、基本的《きほんてき》に借用料は発生しませんが、外国からお借りする場合にはちょっと事情《じじょう》が異《こと》なります。国内のように無料で借りられることもありますが、有料になることも多いです。

また、相互にメリットがあるように、という考えは外国も同じで、たとえ無料でも、何か別の形で貢献《こうけん》できるよう、担当《たんとう》者間で話しあいが行なわれます。たとえば、まだ組み立てられていな

いバラバラの標本をお借りし、展示のために全身骨格をつくり、会期が終わったら先方で常設展示として活かしてもらう、ということもあります。

ただ、現実には、交渉《こうしょう》はなかなか大変です。

普段《ふだん》から共同研究をしていたり、つきあいのある方であれば、何が相手のメリットになるのかも具体的にわかります。でも、ときには、非常にタフな交渉を持ちかけられることもある。そういう手強《てごわ》い人が出てくると、交渉の道のりは長くなります。しかも、威張《いば》れる話ではありませんが、僕はこういうことに全然向いていません。

「この展覧会でぜひ見せたい標本なので貸していただけませんか？　展示することでそちらの博物館や標本の重要性を広報できますよ」とまでは言えるのですが、そこから先の諸条件《しょじょうけん》を詰《つ》めていくのは、プロフェッショナルに任せたいなというのが正直なところです。

国によっては、現地の政府《せいふ》やお役所との交渉が必要になるケースもあります。

最初は研究者同士で感触《かんしょく》良く交渉が始まるのですが、途中から向こうの政府や役所の方が登場し、「それで借用料はおいくらですか？」といった展開になる。その借用料を研究費等にあてるという話であれば、それは当然考えないといけないことですが、ときには遠まわしに道路などの開発援助《えんじょ》を期待されてしまうこともあって、これには困ってしまいます。僕は一介《いっかい》の古生物学者にすぎないので、そんなことまではなかなか貢献できません。

というわけで、恐竜展を準備するときには、こういう交渉にもかなりの時間がかかるのです。上手くいくことも、いかないこともあって、思うようには進みません。

でも、恐竜についての新発見、新しい研究のおもしろさを多くの方に観ていただきたいというその一心で、苦手ながらもなんとか頑張《がんば》っています。

リターン

海外から標本を
お借りするのは
結構大変です。
研究者同士では
いい具合に
交渉できるのですが
あっ
サッ
日本からはるばるどうも!
ぜひ国としても
協力させてください! でも
タダというのもなんですし、
リターンとして—
あ、今回は
お借りしたものを
こちらでCT解析して
データをシェア
しようと——
いやいや、
私共も色々と
困っておりまして
例えば〜…
道路とか
ずいっ
あわあわ
あわよくば〜
橋とか〜
イヤ〜
私タダノ
学者ナンデ…
そこまでは…

限られた空間でどう演出するか

コンセプトを決め、交渉して、展示標本を運んだら、展示室にならべなくてはいけません。どのように展示するのかも大きな課題です。

「もっと広いスペースがあればいいのに」と思ったことは何度もあります。でも現実は、限られたスペースのなかで最大限の工夫をするしかありません。

その空間を使ってどのように標本をならべるのがいいのか。恐竜展のたびにみんなで知恵を出しあいながら、何度もレイアウト案を描き直しながら、悩むことになります。

この悩みは、おそらく世界中の博物館で抱《かか》えているものだと思います。でも、日本の恐竜展の場合にはもうひとつ、ならではの贅沢《ぜいたく》な悩みがあります。

それは、ものすごくたくさんのお客さんが観に来てくださるということです。

もちろん、多くの人に興味《きょうみ》をもっていただけるのはうれしいですし、光栄でもあります。しかし一方で、展示会場が混雑《こんざつ》していることを想定しながら、配置を決めなくてはいけないのです。

それにはかなりの制限《せいげん》がかかります。特に、空間的なスケールを演出《えんしゅつ》するのは難《むずか》しくなってしまいます。

たとえば、『恐竜博2019』で紹介する恐竜のひとつに、足跡《あしあと》だけが見つかっている巨大《きょだい》な恐竜があります。骨も歯もまだ見つかっていません。当然、全身像もわかりません。あるのは足跡だけ。これをどう見てもらおうかと今、ちょうど悩んでいます。

本来であれば、床に足跡のレプリカを置きたいところです。その上を歩いて、実際《じっさい》に、自分の足とくらべてもらう。こうすれば「大きな足だなあ」と思ってもらいやすいし、恐竜全体の大きさもイメージできるのではないかと思うのです。

でも、お客さんが大勢いると、この方法は採《と》りにくい。気づかない人もいるでしょうし、急に足元の展示に気づいて立ち止まったら、後ろにいる人たちが将棋倒《しょうぎだお》しになってしまうかもしれません。レプリカを壁《かべ》に貼《は》ることも考えましたが、自分の足と比較《ひかく》するほどの実感は得られないでしょう。

というわけで、いろいろと思案しているところですが、現時点ではまだどうするかは決まっていません。この答えはぜひ、『恐竜博2019』の会場で確かめてきてください。

足跡の見せ方

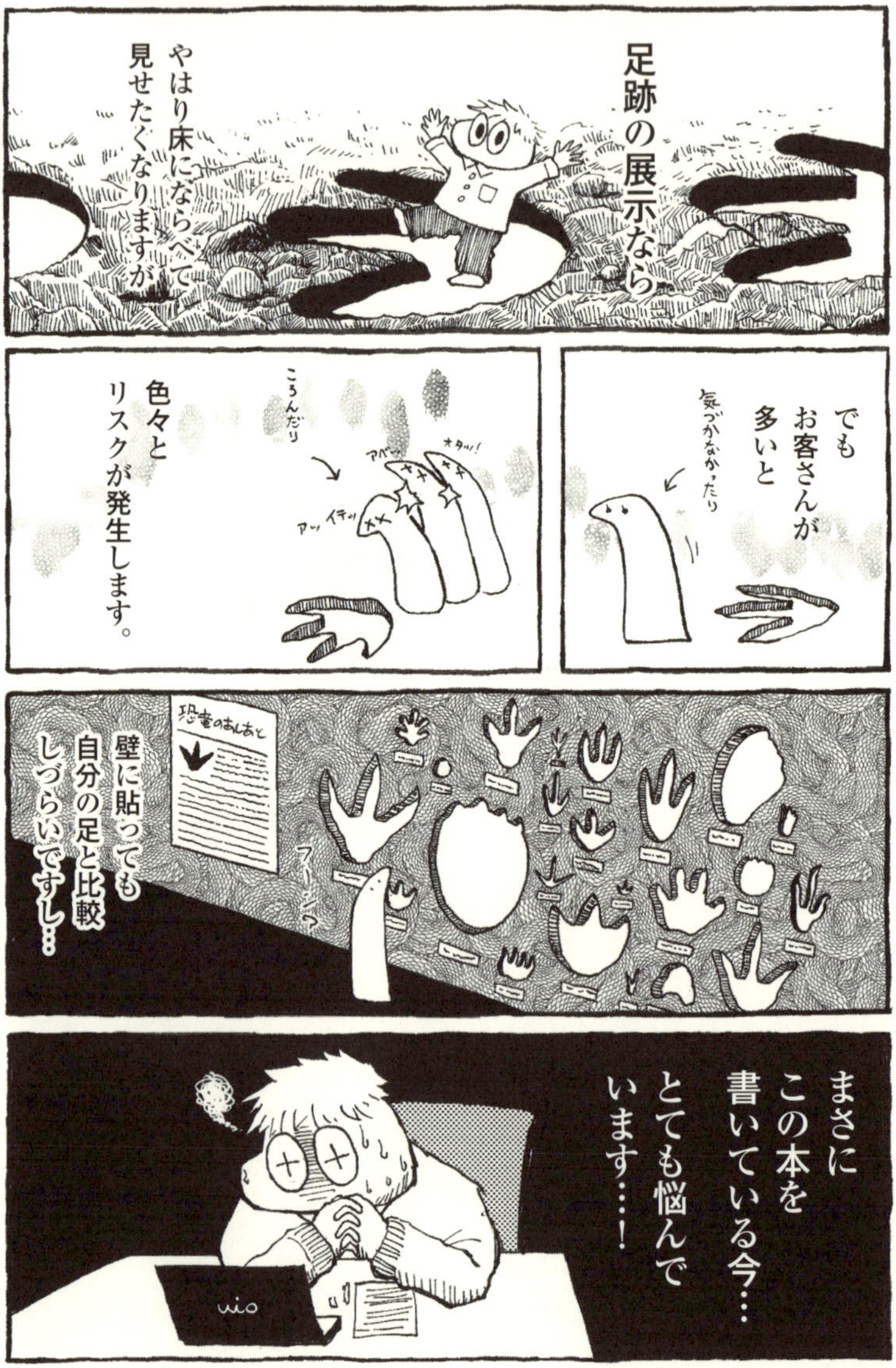
足跡の展示なら
やはり床にならべて見せたくなりますが
でもお客さんが多いと
気づかなかったり
色々とリスクが発生します。
ころんだり
アベッ
オタッ!
アッ
イテッ
壁に貼っても自分の足と比較しづらいですし…
恐竜のあしあと
フ〜ン?
まさにこの本を書いている今…とても悩んでいます…!

日時指定・入替制チケットのご提案

国立科学博物館の特別展には毎回、子どもから大人まで、全国各地からたくさんの方々が来てくださいます。入館待ちのお客さんが列をつくることもめずらしくありません。

かつては行列ができること自体が宣伝《せんでん》になった時代もありましたが、いつのころからかそうした風潮《ふうちょう》もなくなったように思います。夏に開催される行事については熱中症《ねっちゅうしょう》の不安や心配の声も多く聞かれるようになりました。

行列なんて、ないに越したことはないですよね。

科博でも、数年前よりようやく入館時に整理券《せいりけん》を配るようになりました。

おかげさまで、来館者からの評判《ひょうばん》はいいようです。整理券に書かれた指定時刻までの空き時間を利用して、常設展を観ていただけることが増《ふ》えたというデータもあります。

「特別展のチケットで常設展もご覧《らん》いただけますよ」とアナウンスをしても、以前は、なかなか観てもらえませんでした。特別展の行列と混雑に疲《つか》れて帰ってしまう人が少なくなかったのでしょう。だから、この変化は、僕たちにとってもうれしい傾向《けいこう》だと思っています。

ようやく前進できたという気持ちなのですが、個人的には整理券で十分とは思っていません。僕が提案《ていあん》してみたいと思っているのは、日時指定の定員・入替《いれかえ》制です。「○月△日15時から」「○月△日16時30分から」と入館時間を1時間半刻《きざ》みで区切ったチケットを販売する。もっとゆっくり観たいという方もいらっしゃるでしょうが、会場が空いていれば1時間半でたっぷり観ていただくことは可能かと思います。むしろ、会場が混んでいることで展示を近くで観られなかったり、展示前で待つ時間が生じてしまうことを避《さ》けたい。そのために、入替制的なことも考えていかなくてはならないのではないかと思っています。

海外の美術館や博物館では、このようなシステムがよく採用されています。常設展の入館料は無料だったり安価《あんか》だったりする代わりに、特別な企画展のチケット代を少し高めに設定する。さらに映画やお芝居《しばい》と同じように、入館時間を指定して、人数を制限する。そうすることで、館内が混みあわず、来館者はゆっくり展示を楽しめるというイメージです。

多くの人たちと、いかに良い博物館体験を共有するか、これを考えるのも重要な課題なのです。

第4章

広がる「恐竜学」の輪

ところで、「恐竜学」ってなんだろう

石に命を吹きこむ作業

僕は、自己紹介《じこしょうかい》をするときに「恐竜博士」や「恐竜学者」と名乗ることはあまりありません。
求められれば、「古生物学者です」と説明します。

でも、「恐竜学」という言葉はすごく気に入っていて、本や講演《こうえん》などでよく使っています。

あるとき、ラジオに出演した際に、パーソナリティだった故・永六輔《えいろくすけ》さんにこんな質問《しつもん》をされました。

「恐竜学という学問はあるんですか?」

じつは、恐竜学という名前の学問はありません。

それと同じように、「恐竜博士」や「恐竜学者」という名前も正式なものではありません。古生物学という学問があり、僕が勉強したのもこの古生物学です。恐竜はあくまでも古生物の一部なのです。

ではなぜ僕が「恐竜学」という言葉を使うのかというと、そのいちばんの理由は、恐竜というものの特殊性《とくしゅせい》にあります。

古生物学は、化石になった昔の生物を主な対象として研究する学問です。

恐竜の研究も、つまりはこのような学問なのですが、恐竜は一般《いっぱん》的な認知度《にんちど》が高く、関心や興味《きょうみ》をもつ方が、研究者に限らず幅《はば》広く存在します。人気が非常《ひじょう》に高く、かつ、根強いので、あらゆる分野の人が、恐竜というコンテンツで仕事をしています。

たとえば、イラストレーターや映像《えいぞう》作家、造形《ぞうけい》作家といった方々です。

彼らはアーティストなので、ご自身のこだわりや表現したいものを、恐竜を使って表現しているという解釈《かいしゃく》が正しいかもしれません。しかし、恐竜をモデルにするからには、恐竜の恐竜らしさ、恐竜たらしめる絶対的な要素《ようそ》には、とても真摯《しんし》です。そして、僕たち研究者は、このような方たちの力をお借りして、骨からしか知られていない恐竜の、生きていたころの姿《すがた》を復元《ふくげん》してもらったりもします。

みなさんもよくご存知《ぞんじ》のように、太古の恐竜がどんな姿をしていたかは、細部まで鮮明《せんめい》にわかっているわけではありません。それでも、どんな生き物だったのかを知りたい。どんな動きをしていたのかを知りたい。ビジュアルで見てみたいという人はたくさんいます。

それに応《こた》えるためには、どの仮説《かせつ》に基《もと》づいて復元するのかという議論《ぎろん》が必要になってきます。

こうしたアプローチは、通常《つうじょう》の古生物学の範疇《はんちゅう》を越《こ》えるものです。だから僕はこれらを含《ふく》めて「恐竜学」とよんでいるのです。

カッコよくいえば、恐竜学とは、恐竜を愛するあらゆる分野の方々とのキャッチボール、コミュニケーションなのです。

わずかな情報から恐竜を復元する

実際《じっさい》、どこまでなら予測可能《よそくかのう》かといえば、たとえば、化石の骨の形状や骨と骨のつながり方などから筋肉《きんにく》がどう発達し、どう動いていたのかといったことは、ある程度推定《すいてい》することができます。体の表面の質感や色も、ごく一部ですがわかるようになってきました。けれども、未知の部分もまだまだ多いというのが現実です。なので、研究者として意見を求められたときには、こうした公式見解《けんかい》を述《の》べて「わかっているのはここまでです。その先はわかりません」と答えるのが正しい姿勢《しせい》、といえます。

しかし、それでは着色されていない輪郭《りんかく》のみの、味気のない恐竜イラストばかりになってしまいます。あるいは、何でもアリの無責任《むせきにん》な復元画があふれてしまうかもしれません。それでは、生物としての恐竜に興味を抱《いだ》いてくださる多くの人の期待に応えていることにはならないと思うのです。

その点で、僕がいつも心がけているのは「提案《ていあん》」です。

「このような姿形になる可能性《かのうせい》もあるかもしれませんね」とか、「○○という理由からこのような姿勢になるとは考えづらいですが、○○のような化石がもし出てきたら正しいとされるかもしれません。ちなみに確率《かくりつ》が高いと考えられるのは△△です」といった、学術的見地《けんち》から見た可能性や、仮説の提示《ていじ》を積極的に行なうようにしています。

「わからない」ということは「絶対的な正解があるわけではない」ということでもあります。ですから、このやり取りは新たな「仮説」をつくることでもあると思います。

実際、アーティストの方々から出てくる要望やアイデアから、自分にはなかった新たな視点《してん》を得ることも少なくありません。

こうしたコミュニケーションを重ねていくと「こんな場面、状況を設定してみてはどうですか？」など、提案できるアイデアも増えていきます。

恐竜の色は何でもアリ、というわけではない

復元のポイントとしては、全身や体の各部のカタチ、姿勢、そして色や模様《もよう》。かつての恐竜たちは、茶色やモスグリーンのような地味な色が定番でしたが、最近の恐竜たちはとてもカラフルに描《えが》かれるようになりました。

その背景《はいけい》には、恐竜の子孫の一部があの鮮《あざ》やかな羽毛をもつ鳥類であるとわかったことも大きいと思います。そして、一部の恐竜については、色も判明《はんめい》しています。

最近の研究で、メラニン色素《しきそ》に関連したメラノソームという構造《こうぞう》が、化石に残っていることがあることがわかりました。メラノソームは形や密度《みつど》で、色が異《こと》なります。電子顕微鏡《でんしけんびきょう》を使って調べられた結果、現在までに約10種類の恐竜の色がわかっています。

とはいえ、恐竜の色についてわかっているのはまだごく一部です。そのため、図鑑《ずかん》でフルカラーの復元画を作成するときには、さまざまな色が提案されます。

カラフルなのが好きな作家もいれば、そうでない作家もいる。羽毛をしっかり描く方、やっぱりウロコでゴツゴツしてないと恐竜らしくないという方もいます。

たとえば、体色をシルバーとゴールドにしたいと提案されたとします。

僕としては、腕《うで》を組んで「うーん」となりますが、描き手の主張《しゅちょう》は、可能性はありますよね？

というもの。

たしかに、否定《ひてい》はできません。しかし確率が低いのも事実です。そこでまず、「誰も確率ゼロとはいえませんが、かなり低いですよ」とお話しします。

そして、ここからが研究者の出番です。

たとえば、イラストレーターさんから「このような色のチョウがいるので、自然界にない色ではないと思います」といった意見があるかもしれません。それには、「爬虫類《はちゅうるい》や鳥類に知られているの色素のなかで、そういった色を出すことは考えづらいです」と答えます。その上で、「カラスのように、羽毛の色は黒くても、光の反射《はんしゃ》で輝いて見える瞬間《しゅんかん》はあるかもしれません。そのような太陽光線があたる構図《こうず》にするのはどうですか？」と提案することもあります。

「パンダやシマウマを参考にしました」と言われ、そのようなカラーリングの恐竜を提案されたこともあります。

たしかにこれも選択肢《せんたくし》のひとつとしてはありえるのかもしれません。でも、パンダやシマウマのような色が出てくるのは、霊長《れいちょう》類の一部を除《のぞ》いた哺乳《ほにゅう》類の目がいわゆる色弱状態《しきじゃくじょうたい》だからだと考えられています。僕たち人間が見ている世界とはちがい、彼らは色の少ない世界でモノを見ているのです。

しかし、爬虫類と鳥類の世界は基本的にフルカラーです。

恐竜の目については直接の証拠《しょうこ》はありませんが、爬虫類から恐竜、鳥へと進化したという流れを考えると、進化の中間にある恐竜だけがフルカラーの世界にすんでいなかったという確率は低いでしょう。カラーで世界を見ていたとするならば、表面が白と黒になる確率は哺乳類よりも低いといえます。

そこで「あの色は哺乳類だからこそで、恐竜にもそれを当てはめていいかどうかは、慎重《しんちょう》に考えたほうがいいと思います」とお伝えします。

このように、できるだけの提案をしていきますが、もちろん必ずしも僕の意見が採用《さいよう》されるわけではありません。やはりみなさんそれぞれ、譲《ゆず》れないこだわりや考え方があるものです。でも、それもいいと思います。

そういえば、以前は恐竜好きの子どもといえば、ほとんどが男の子でした。でも、ここ20年くらいは、小学生向けの恐竜講座の参加者の割合は男女でそれほど差がなくなってきています。熱心に質問をしてくれるのは、むしろ女の子のほうが多いくらいです。これは、最近のカラフルな図鑑がアピールしている部分もあるのではないかなと思っています。

子どもたちから、「恐竜はあんなに速く走れたんですか?」「あんなに咬《か》む力が強かったんですか?」といった質問もよくされますが、これは『ジュラシック・パーク』のような映像作品の影《えい》響《きょう》でしょう。

アートと科学

恐竜の復元画はアーティストとの共同作業
マナベ先生！この恐竜の色、金と銀の模様にしたいです！
うーん 可能性0%とは言い切れないのが科学だけど…
その可能性はとても低いかもしれません。
現生鳥類にいませんし…
ナルホド！
じゃあこんなのはどうでしょう！
蝶にこんなのがいますし、自然界的にはありえそうでは？
メタリックブルー！
ブラック！
う〜ん、虫と爬虫類では持っている色素がちがいますからね〜
あ、そうだ
カラスの羽根みたいに光の反射でそんな色になることもあったかもしれません
あ！それカッコイイです！
互いにちがった目線で提案しあい、恐竜の復元画ができあがります。

きっかけはなんであれ、恐竜に強い関心をもってくれていることはまちがいない。こうした声に、「あの映画はフィクションで、本当のところはわかりません」とだけ答えるのは、あまりにもつまらないと僕は思います。明らかなまちがいや誤解《ごかい》は解くべきですが、でも、そういう声こそが、新しいものを生み出すかもしれないと信じているのです。

恐竜図鑑は使えない図鑑？

図鑑について、もう少しお話しさせてください。

本屋さんや図書館に行くと、さまざまな図鑑がならんでいます。昆虫や植物、動物、星などの図鑑と一緒に、恐竜もシリーズの一角にたいてい収《おさ》まっています。

ですが、恐竜図鑑はほかの図鑑とはちょっとちがうと、よく言われます。図鑑というものの役《やく》割《わり》のひとつを考えてみると、たしかにそうかもしれないなと思います。

家や学校などで「読む」という用途《ようと》以外に、図鑑を利用する場面を想像《そうぞう》してみると、たとえば本棚《ほんだな》にある昆虫図鑑が活躍《かつやく》するのは、採《と》ってきた虫の種類や生態《せいたい》を確認《かくにん》するときです。カブトムシなら、角《つの》の特徴《とくちょう》をくわしく見分ける手がかりになったりもします。植物図鑑なら、道端《みちばた》で見つけた花の種類を調べることができます。

博物館に持っていって、展示《てんじ》されている標本と見くらべるのも楽しいものです。

しかし、恐竜図鑑はどうでしょうか。

ほとんどの恐竜図鑑に載《の》っているのは、肉のついた復元画です。しかし、みなさんが町中で彼らを見かけたり、採ってきたりすることは絶対にありません。野山に出かけてももちろん不可能です。採取できるとしたら化石ですが、恐竜図鑑の復元画を見ても「この化石は何の恐竜のどこの部分だろう」と確認することはできません。

国立科学博物館に、恐竜図鑑を抱《かか》えて入っていく子どもの姿を見かけることがあります。熱心な子だなあとうれしく感じる一方で、少し申し訳ない気持ちにもなります。

骨格図《こっかくず》や写真、復元画と解説《かいせつ》があれば、勉強することができるでしょう。でも、大半の展示は骨だけです。図鑑と照らしあわせても、名前の確認くらいしかできないのではないでしょうか。

こうしたことから「恐竜図鑑は使えない図鑑」なんて言われてしまうこともあります。

もちろん、まったく意味がないわけではありません。恐竜に関心をもってくれる多くの人たちに、太古に存在した彼らの全体像をつかんでもらう。その意味において、図鑑は非常に大きな役割を果たしています。

そしてもうひとつ、僕が恐竜好きの子どもたちを見ていて感じるのは学名への関心の高さです。恐竜図鑑を眺《なが》めて読むだけでなく、恐竜のカタチと一緒に名前を覚えようとする子は少なくありません。それも通称《つうしょう》ではなく、学名で諳《そら》んじようとします。しかも、小さな恐竜博士たちは「ティラノサウルス」という属名《ぞくめい》だけではなく、「ティラノサウルス・レックス」と種小名まで覚えているのです。

学名は、ラテン語の文法で綴《つづ》られる世界共通語です。昆虫や動植物にも学名はありますが、それ以前に和名や通称が流通しているため、そちらで覚えるのが常《つね》です。その点、大部分の恐竜には日本特有の和名がついていることがほとんどなく、子どもたちにとっては、学名という「世界に通用する科学の言葉」に触《ふ》れる最初の機会になっているのです。

これは見た目以上に、重要なことだと思っています。

「恐竜図鑑は使えない」のであれば、「使える恐竜図鑑をつくりたい」という思いもあります。

使える、というのは博物館に行くときや、化石を採取したときに、参照して勉強になるような図鑑のことです。具体的には、学名と復元画だけでなく、各部位の骨のカタチや骨格の構造についてくわしく解説している図鑑ということになるでしょう。

じつは、一度チャレンジしたことがあります。

かつてお手伝いしたある図鑑は、８種の主要な恐竜と始祖鳥《しそちょう》の骨格図と復元画を丁寧《ていねい》に解説したものでした。とてもいい本だったのですが、期待したほどは売れなかったようです。

載せた種数が少なかったことも原因かもしれません。３００種の恐竜を眺めることになれた子であれば、たしかにものたりないですよね。しかし、その３００種のなかには手の化石だけで知られる恐竜などもいて、それらの全身の骨格を復元することは不可能なのです。というわけで、なかなか難《むずか》しいという現実があります。

僕としては「恐竜の上腕骨《じょうわんこつ》だけの図鑑」なんていうものもあってもよいのではないかと思います。でも、そんな図鑑を喜んで手に取ってくれるマニアックな子はどのくらいいるでしょう。本としてはあまり売れないかもしれませんね（笑）。

小さな恐竜博士たち

子どもの質問はこんなに豊かで奥深い

「恐竜がもし絶滅《ぜつめつ》していなかったら、どうなっていましたか?」

ある年の夏休み、恐竜の講演《こうえん》をしたときに、ひとりの利発《りはつ》そうな子が質問《しつもん》をしてくれました。小学校高学年くらいの女の子です。

恐竜は、その一部が鳥に進化して現在も生き残っています。ですので、そういう意味では「絶滅していない」と言える。このときには、このように回答したのですが、彼女はそれは知っていました。そして、まだ納得《なっとく》できない様子で、進化や脳《のう》について話を続けます。

ほかの子の質問もからめながらしばらくやり取りしていると、そのうち、彼女から「テレビで

言っていたんです」という言葉が出てきて、ピンときました。

「もしかして、デール・ラッセル先生のことかな？」

名前を出したら「そうです！」といった反応《はんのう》を見せてくれて、一気に謎《なぞ》が解《と》けました。

デール・ラッセル先生はカナダ国立自然博物館で長年活躍《かつやく》された古生物学者で、僕もとてもお世話になった恩師《おんし》のひとりのような存在です。思考実験が好きな人で、いつも「もし○○だったらどうなるか」「もし△△でなかったらどうなったか」という架空《かくう》のテーマを設定しては、考えをめぐらせていました。僕もいろいろなテーマでお話しさせていただいたことがあります。

そのラッセル先生による有名な仮説のひとつがディノサウロイドです。

「もし恐竜が絶滅せずに進化し続けた場合、どのような姿形になっただろうか」という思考実験から生まれたもので、頭が爬虫類で体が人間という異星人《いせいじん》のような姿をした「恐竜人間」の模型《もけい》をご存知の方もいるかもしれません。当時、「羽毛恐竜」はまだ見つかっていなかったので、肌《はだ》はもちろんウロコです。

これは思考実験で、恐竜人間が実在すると主張《しゅちょう》したわけではありません。哺乳類である人類は、直立歩行によって重い脳を支《ささ》えることに成功し、知的活動を始めるようになりました。ラッセル先生は、鳥類に進化しなかった獣脚類《じゅうきゃく》恐竜のなかでも脳が大型化する傾向《けいこう》があったので、そのまま進めば、恐竜も重い脳を効率的《こうりってき》に支えるために直立二足歩行に進化したのではないかと考えたのです。

ちなみに、ラッセル先生はこのような思考実験ばかりしていたわけではなく、発掘《はっくつ》や記載《きさい》でも多くの功績《こうせき》を残している研究者です。

質問をしてくれた女の子は、以前観たテレビ番組でディノサウロイドを知ったようです。その番組では「恐竜が鳥に進化したことがわかっていなかった時代の仮説」のひとつとして取り上げたようで、彼女はこれが気になって「恐竜として絶滅を免《まぬが》れたらこのようになったのだろうか」と、ずっと考えていたといいます。

堂々《どうどう》めぐりのようなやり取りの末でしたが、最初の質問もはっきりしました。

「どのような恐竜が、ディノサウロイドのような生物に進化した可能性が高かったと思いますか？」

なかなかおもしろい質問ですよね。

さて、みなさんなら、どの恐竜と答えますか？

講演30分、質疑応答90分

僕の講演やトークでよく驚《おどろ》かれるのは、最後の質疑応答《しつぎおうとう》の時間です。余裕《よゆう》があるときは、30分の講演のあとで90分以上質問に答えることもあるので、たしかにちょっと変わっているかもしれません。

でも、これには一応《いちおう》意味があって、この質問の時間を「その日お話ししたことがどこまで共有できたかをおたがいに確認する時間」だと考えているのです。

トーク終了後、手をあげてくださる方の話を聞けば、伝えたかったことがどこまで伝わっているかを確認できます。思いもよらない質問が飛びだすこともありますが、それも僕自身が考える機会になる。来てくださった人たちがどのように理解《りかい》し、感じたかを取材できるのです。

子どもの質問も重要です。

会場には、わからないことや納得《なっとく》できないと感じている子がいっぱいいます。でも、手をあげる勇気がなかったり、自分の意見に自信がなくて上手に説明できなかったりする。だから、手をあげてくれたときは、できるだけ急《せ》かさず、じっくりやり取りするようにしています。

すごくいい質問のこともありますが、とんでもないまちがいをしていることもあります。でも、そのやり取りがきっかけで、同じような誤解《ごかい》をしていたほかの人が理解《りかい》できるかもしれません。僕にとっても「ここが勘《かん》ちがいされやすいんだな」と、気づけることがたくさんあって、ものすごく参考になります。

だから、たとえまちがった質問であってもまったく構《かま》いません。むしろ大歓迎《だいかんげい》です。

質問が多いときは、トーク終了後にならんでいただいて一人ずつに答えることもあります。

小さなときから熱心に通ってくれていた子から進路相談をされたり、ときにはそのお母さんからお子さんの相談を受ける、なんてこともあります。

好奇心旺盛な子どもたちに、大人ができること

先日、恐竜に関するある会では、こんなことがありました。

小学校低学年くらいのとても物知りな男の子が質問をしてくれたのですが、彼は質問よりもと

にかく自分の知っていることを話したいようで、こちらの話をなかなか聞いてくれません。まわりの大人からも「最後まで聞きなさい」なんて、たしなめられていました。

この会では小さなお子さんがたくさん参加してくれていて、ほかにも質問したい子が自分の番を待っていました。そして、次に彼よりももう少し小さな子がたどたどしく「ダイナモサウルスって恐竜がいたでしょ……？」と質問をしてくれたのですが、彼は「ダイナモサウルスとティラノサウルスは同じ恐竜だから、ダイナモサウルスは今は使われていないんだ」と勝手に答えて、また自分の話をしようとしたのです。

彼の知識《ちしき》は、たしかに正しいです。でも、この小さな子の質問を最後まで聞けば、彼にとっても新たな気づきを得られたり、新たなことを知るきっかけになるかもしれません。そこで僕は、「今度はこの子の質問を一緒《いっしょ》に聞いてあげようよ」と彼に提案して、二人で小さな子の前にひざまずくようにしました。

小さな子の質問は、「アパトサウルスとブロントサウルスが同じ恐竜だとわかったとき、アパトサウルスのほうが2年先に名づけられたから、先取権《せんしゅけん》というルールによってアパトサウルスに統一《とういつ》されたんですよね。ダイナモサウルスとティラノサウルスは同じ年（1905年）に名づけられているから同い年なのに、なぜティラノサウルスに統一されてしまったのですか?」というものでした。一緒に聞いていた彼は、この質問に答えられませんでした。

僕はたまたまその答えを知っていたので、「ダイナモサウルスとティラノサウルスは同じ論文のなかで別々の恐竜として命名されたんだけれど、ティラノサウルスのほうが先のページに出てくるからティラノサウルスになったらしいんだ」と答えてあげることができたのですが、この小さな子の知識にもとてもも感心させられました。

また一緒に聞いていた彼にとっても、知らなかったことをひとつ知ることができてよかったのではないかなと思っています。

好奇心旺盛《こうきしんおうせい》で、勉強熱心な子どもたちに、大人がしてあげられることは何でしょうか。

それを考えるとき、以前聞いたある研究者の幼少期の話を思い出します。

小さいときから恐竜好きだった彼は、恐竜の本や図鑑を買ってもらってはお父さんやお母さんを質問攻めにしたそうです。でも当然、ご両親には答えられません。僕と同じ世代ですから、インターネットで調べることもできませんでした。

そこでお母さんがしたのは、恐竜好きの我《わ》が子を図書館に連れていくこと。彼は自分で関係しそうな本を片《かた》っ端《ぱし》から選んで、読んだそうです。そうすると、また新しい疑問《ぎもん》や興味が出てきます。そのたびに「調べなさい」と言われて、図書館でまたそれらしい本を借りてくる。こんな調子で、ずっと調べ続けていた。

大人になってからの思い出話で「そういう子だったのよ」と、彼のお母さんからお聞きする機会がありました。

振《ふ》り返ってみると、昔の大人は子どもの質問にあまり答えてくれなかった気がします。当時は百科事典を引くくらいしか調べる方法がなかったからでしょう。

その意味では、このお母さんはお子さんに適切《てきせつ》なアドバイスをしたのだと思います。彼はのちに研究者になりましたが、ならなかったとしても、すばらしい教育だったのではないでしょうか。

ちなみに、このお子さんとは、アメリカのメリーランド大学の恐竜学者、トーマス・ホルツ博士のことです。

子どもたちの研究意欲

日本で恐竜を研究する人の多くが所属《しょぞく》しているのが、日本古生物学会です。

学会というと、専門家が集って研究についての難しい話をする場所というイメージがありますが、最近ではその分野に興味をもつ一般の人たちの参加も増えています。

日本古生物学会でも年2回開かれる学術《がくじゅつ》大会には、熱心な高校生や中学生、なかには小学生の参加者もあり、その意欲《いよく》にはいつも驚かされます。

2018年6月に東北大学で行なわれた学会では、小学2年生の子が手をあげ、質問もしていました。また、中学1年生の子に「真鍋先生ですか?」と声をかけられ、「遠い宮城まで来ていただきありがとうございます」なんて丁寧《ていねい》にお礼を言われたので、びっくりしたものです。いえいえ、こちらこそ学会にまで参加してくれてありがとうございます、ですよね。

日本古生物学会では、高校の地学部や生物部の子たちにポスター発表をしてもらう場をつくっています。優秀《ゆうしゅう》な発表には賞《しょう》が贈《おく》られます。

その大きな目的は、研究というものに興味をもってもらうことなのですが、もしかしたら大人たちが思っているよりも、今の子どもたちは先をいっているのかもしれません。

僕が子どものころは、自由研究は夏休みの宿題の定番でした。子どもにとって研究は、学校の先生にいわれてやる宿題という感覚だった人は多いと思います。

でも最近は、小学生や中学生が自主的に研究をし、発表をするケースも増えてきているのです。

最近も、そんなひとりに出会いました。あるトークイベントの後に話しかけてくれた中学生の女の子です。

彼女が小学生のとき、鹿児島県《かごしまけん》の甑島《こしきしま》で恐竜が見つかったというニュースを聞いたそうです。それで興味をもち、夏休みに家族と一緒に現地に旅行に出かけたのですが、どこに行けば化石が見られるのかわからない。役場に相談したら、幸いにも担当《たんとう》の人が案内してくれることになり、いろんな場所に連れていってもらったり、地層を自分なりにカチンカチンと叩《たた》いたりしたといいます。

この旅行のとき、この子は「砂浜《すなはま》の砂が場所によってちがうのはどうしてだろう」という疑問をもちました。そのことを調べてみようと、それを夏休みの自由研究の課題にし、賞をもらったのだそうです。

このように自主的に研究をする子が増えてきて、発表の場も整備《せいび》されてきた。これは僕の時代にはなかったことです。

ただ、内容はいいのですが、実際には先生やご両親がかなりの部分を準備《じゅんび》していたり、手伝っているケースも見受けます。できているものがすばらしいだけに、そこは評価《ひょうか》してあげたいけれど、こういう親子共同研究的なものに対しては、どう評価していいのか、正直悩むこともあります。

たとえば、お父さん、お母さんと一緒に「標本を見せてください」と言ってやってくる小学生がいます。そばで見ていると、たしかに両親は手伝っていますが、目的や意欲をもってやっているのは明らかに本人であることがわかります。「もうすぐ電車の時間だよ」と言われても「ここも測《はか》らなくちゃ」「ここは描いておかなくちゃ」と熱心にメモしている。最初は上手にまとめられなくても、こういう子はきっとそのうちにいい発表をするようになるでしょうね。

もちろん、その子たち全員が研究者になるわけではないと思います。

でも、興味のあることにここまで熱中したという経験は、その子の未来にきっと生きてくるはずです。

コラム

恐竜の羽毛に違和感をもつのは大人だけ

大人向けの講演で盛《も》り上がる話題のひとつが、恐竜の羽毛です。

お父さん、お母さん、おじいちゃん、おばあちゃんの世代では「恐竜＝ウロコ」というイメージはまだかなり強いようで、「恐竜の一部には羽毛が生えていて、進化して鳥になったものもいる」と話すと「えー、そうだったんですか！」と驚かれることは今でも少なくありません。

でも、感心している大人たちの横で、子どもはたいてい不思議そうな顔をしています。なぜなら、今の小学生は生まれたときからそう教わっているから。この世代にとって、羽毛のある恐竜がいるのはあたりまえで、まったく驚きません。抵抗《ていこう》があるのは大人だけなのです。

たとえば、ティラノサウルスは羽毛が生えていた可能性の高い恐竜です。

僕はこのことをすごくおもしろいと思っていますが、「ティラノはウロコで、凶暴《きょうぼう》であってほしい」とおっしゃる方はたくさんいます。一方で、「全身ウロコのときは気持ち悪かったけど、羽毛の復元画を見て親近感を覚えました」という人もいます。このようにいろいろな意見が出てくるのは、人気の高い恐竜ならではの現象《げんしょう》ともいえるかもしれません。

この「ウロコか羽毛か」問題について、最近ちょっと話題になったことがありました。2017年5月、ティラノサウルスの首と腰《こし》、尻尾《しっぽ》のあたりからウロコが見つかったという論文《ろんぶん》が出たのです。

ティラノサウルス羽毛説を推《お》していた僕は、「真鍋さん！　まちがっていたじゃないですか！」と、多方面から一斉《いっせい》に責《せ》められ……いえ、ご意見や問い合わせを受ける事態《じたい》となったのですが、この騒動《そうどう》ひとつとっても、やはり関心の高さがうかがえますよね。

さて、これをもって「やっぱりティラノサウルスはウロコだった」と結論づけるのは早計《そうけい》だと、僕は思っています。

それまで、ティラノサウルスについては羽毛もウロコも見つかっていませんでした。つまり、「どちらかわからない」というのが、本来の回答だったのです。しかし進化の過程《かてい》をみるとティラノサウルスの祖先は「羽毛恐竜」なので、同じように羽毛があった確率が高い。だから僕はそう主張《しゅちょう》してきました。

では、どこに生えていたのでしょうか。

それを知る手がかりは、現在の鳥です。ニワトリの卵の中の成長の様子を観察すると、羽毛は首筋《くびすじ》、背筋《せすじ》、腰、尻尾、前肢《ぜんし》の順に生えてヒヨコになることがわかります。ですから、もし鳥の羽毛の生え方が恐竜から引き継《つ》がれているとしたら、恐竜も首筋、背筋、腰、尻尾、前あしにまず羽毛が生えてきたと考えるのが自然です。

2012年ぐらいからは、復元画をつくるときにもこの説を伝えて、「もし首がウロコ、尻尾もウロコというティラノサウルスが見つかったら、真鍋はまちがっていたと笑ってください」など冗談《じょうだん》めかして言ってきたのですが、そうしたら本当にそういう化石が見つかってしまったというわけです（笑）。

でも、ティラノサウルスがもともと「羽毛恐竜」だったことに変わりはありません。ですから、「羽毛ではなかった」のではなく、「羽毛からウロコに戻った部分があった」と考えるのが自然でしょう。さらに言えば、全身の表面すべてが一気にウロコに戻った確率はむしろ低い。つまり、部分的にはやはり羽毛が生えていたと考えられます。

思い浮《う》かべてみてください。鳥の多くは足だけウロコになっていますが、七面鳥のように頭と首の羽毛がなくなっているものもあります。ティラノサウルスの場合も、どういうふうに羽毛がウロコに戻ったのか、それを考えることのほうがむしろ重要といえます。

また、鳥の足はウロコですが、卵の中では、いったん羽毛ができそうになることがわかってい

コラム

恐竜の羽毛に違和感をもつのは大人だけ

ます。羽毛をつくるのをあるタイミングで止めると、ウロコになる。実際《じっさい》、鳥の足に羽毛を生やすということは可能で、すでにハトで実現しています。

今回の論文でわかったのは、ティラノサウルスは本来なら羽毛になるはずだったのにウロコに戻った部分がある、ということ。それならば、全身のすべてがウロコと考えるほうが難しい。やっぱり背中あたりには羽毛があったのではないか、というのが今の僕の意見です。

また、もうひとつありうるのは、現在の鳥が羽毛をつくる順番と、恐竜が羽毛をつくる順番がちがっていた場合です。もしそうならば進化をめぐる新しいテーマが生まれるわけで、どっちに転んでも、恐竜学にとっては大きな収穫《しゅうかく》です。

この問題に最終的な結論を出すためには、全身の羽毛とウロコが確認できるような化石を見つける必要があります。ただ、ウロコにくらべてやわらかい羽毛は残りにくいので、なかなか難しいところです。

また、卵の内部で起きていることを遺伝子《いでんし》レベルで研究する発生学のアプローチからの検証も期待できます。その成果が恐竜に応用《おうよう》され、この論争に答えを出してくれるかもしれません。

ウロコか羽毛か

最近の図鑑では
多くの恐竜に
羽毛が生えています。
ヌラーン
BEFORE
もっふう
AFTER
そんな姿に違和感を
訴える大人は多く
「やはり
ウロコに覆われた
ゴツゴツした恐竜こそ
カッコイイ！」
という声が大多数！
←なつかしのゴジラ立ちT・レックス
でも子どもたちは逆に
図鑑とちがう
ウロコ恐竜に
ピンとこない様子。
ポカーン
PERMIAN!
そして、
羽毛恐竜の魅力に
取りつかれる大人も
少しずつ増えています！
もっふ〜ん
モフモフは正義！

「恐竜学」できる場所

高校生の進路相談

高校生ぐらいの子たちから、将来《しょうらい》の進路を相談されることがあります。「大学で恐竜を学びたい」あるいは「恐竜学者になりたい」という相談がほとんどで、これにはどう答えるべきか、いつも悩みます。

恐竜研究のおもな現場は、大昔に生きていた生物を研究する「古生物学」です。古生物学は、もともと地質学の一部として発展してきた側面があります。化石は地層から出てくるのですから、当然、その地層の堆積《たいせき》した時代や環境《かんきょう》など、地質学的な知識が前提《ぜんてい》になるからです。そのため以前は、地質学から始めたという人が多かった。僕もその一人です。

当時の恐竜研究は、化石と化石を比較《ひかく》して検討《けんとう》するのがおもな仕事でした。現生の生き物よりも、もっと近縁《きんえん》な化石と比較するのが自然なことだったからです。しかし、その後の研究で、恐竜は系統《けいとう》進化においてはワニよりもハトに近縁であることがわかり、恐竜の生物的な仮説は爬虫類と鳥類のどちらに近いのかという観点から検証されるようになりました。

つまり、進化の研究が深まったことで、化石だけでなく現生種も、そして爬虫類だけでなく鳥類も比較して読み解かないと、恐竜は理解できないと考えられるようになったのです。

現生の生物や鳥類の勉強も視野《しや》に入れることが必要となると、進路の選択肢《せんたくし》は古生物学や地質学以外に、生物学などにも広げることができます。

ただ難しいのは、こういった学科に進んでも、恐竜を直接《ちょくせつ》研究している人はあまり多くないということです。

同じ古生物学でも、アンモナイトや微化石の研究者が対象《たいしょう》とする化石や課題と、恐竜の研究者が対象にするものとではかなり異《こと》なります。つまり、古生物学の教室に進んで化石に関われたとしても、恐竜にはたどり着かないということが起こりうる。生物学も、現在の主要テーマは細胞《さいぼう》や遺伝子です。分子生物学あたりでは、さらに縁遠くなってしまうかもしれませんね。恐竜研究に直接応用できるのは、鳥類や爬虫類の体の構造なのですが、これは19世紀にさかんに研究されたもので、解剖学《かいぼうがく》的な研究はあまり行なわれていないという現状《げんじょう》があります。

また最近では、たとえば岡山理科大学や福井県立大学に恐竜・古生物学コースが設《もう》けられるといったケースも出てきましたが、これもまだごく一部です。


そこで僕がときどき提案しているのが、獣医学部《じゅういがく》という選択肢です。

なぜ獣医学？　と、意外に思われるかもしれません。でも、いろいろな動物の体の仕組みを基《き》礎《そ》から学べる獣医学は、生物学的な研究が恐竜にも応用されるようになった現在、もっとも恐竜にたどり着きやすいのです。しかも、卒業して国家試験に合格すれば、獣医師免許もとれます。いざ就職《しゅうしょく》先を探すときに、それが武器《ぶき》になるかもしれません。

ちなみに、このようにアドバイスをすると、なかには、ホッとした表情をする子がいます。獣医学と聞いて、人間のお医者さんになる医学部よりは入りやすそうと感じるのでしょうか。でも、実際はちがいます。獣医学を専攻《せんこう》できる大学は、医学部のある大学よりはるかに少ないので、その分、ハードルは高いです。だから、簡単だと思ってはいけません。

それでも、これまでに「先生の話を聞いて、獣医学部に進みました」と報告《ほうこく》をくれた子が7、8名いました。僕はいろんなところで話しているので、実際の数はもっと多いかもしれません。

ただ、おもしろいことに、知らせてくれた子たちは全員口をそろえて、「恐竜博士になるのはやめました」と言うのです。聞くと、「勉強していたら、獣医の仕事のほうがおもしろくなった」と。

僕はそんな彼らの言葉を聞いて、いつも「よかったな」と心から思います。「なんだぁ」と残念に思ったことは一度もありません。むしろ、わざわざ報告しに来てくれて、申し訳ないくらいです。

自分のやりがいのある職業に出会えた、そしてそのスタート地点にいるなんて、すばらしいですよね。

進路相談

恐竜博士を目指すなら
獣医学部もおすすめです！
様々な動物の体の仕組みを実地で学べるので
恐竜にも応用が利きやすく就職にも強いからです。
ハードルは高いですが
……などとアドバイスしてきたのですが、こんな知らせが届きました。
このまま獣医になります！
勉強していたらこっちがおもしろくなっちゃって
そうですか……
やりたいことが見つかってよかった
ホッ

どうしても、恐竜の研究がしたい！

学科で選ぶのではなく、恐竜を研究している先生のいる大学を目指すという手もあります。ただし、これにも注意と覚悟が必要です。

まず、候補《こうほ》となる大学が少ないこと。入学試験に合格する学力はもちろんですが、成績《せいせき》で学科や研究室が決まっていくので、最終的に希望する先生のいる研究室にいくのは、かなりの狭《せま》き門となります。また、大学の先生は別の大学に異動《いどう》する可能性もあり、その点も悩ましいところです。

そして、これら以上に難しいのが、標本を手に入れることかもしれません。

恐竜を研究するうえで、もっとも大切なのはやはり研究対象となる化石。恐竜の化石がたくさんあれば、学生たちに割《わ》り振《ふ》ることができます。しかし残念ながら、日本の大学では、必ずしもいい研究材料があるわけではありません。たとえば「大好きなティラノサウルスで論文を書きたい」と思っても、自分が対象にできる化石標本と研究テーマで実現させるのはなかなか難しいでしょう。そこでどんな工夫をするかが大きなハードルになります。

恐竜好きの少女から、東大と海外留学《りゅうがく》を経て首長竜の専門家になった佐藤たまきさんは、「私は標本運がよかった」とよくおっしゃいます。その意味するところがまさにこのことで、研究したくても論文を書きたくてもまず標本がないという事態《じたい》は、相対的に化石標本が豊富《ほうふ》にある海外でもあることなのです。

また、もしもいい化石とテーマが見つかっても、研究がうまくいかないこともあります。実験しても期待通りの結果が出ないこともあります。もし論文が完成しなければ、いい標本にめぐり会う機会も減《へ》ってしまうでしょう。

このようにハードルは山ほどあり、博士号を取得してからも苦労している人がたくさんいます。

少々きびしいことを書きましたが、しかし、狭き門なのは、たとえば野球選手やサッカー選手でも同じだと思います。ピアニストや小説家になるのもすごく大変だし、いつまで続けられるかの保証《ほしょう》もありません。それでも、夢《ゆめ》をかなえたいという人はいます。だから大変ではありますが、あきらめたほうがいいとは思いません。どうなるかは、やってみないとわからないからです。

甲子園《こうしえん》で活躍《かつやく》してもプロ野球ではダメなこともあるし、ケガをすることもある。でも辞めてからコーチとして才能《さいのう》を発揮《はっき》したり、野球の縁で就職した会社で活躍することもありますよね。

だから、恐竜の研究者を目指す子にも、ただ頑張れと応援するのではなく、できるだけ客観的に、そして建設的《けんせつてき》にアドバイスしようと心がけています。

ひと休みして戻る、という選択

夢を追って頑張る子どもたちに、もうひとつ伝えたいことがあります。

それは、もし苦しくなったらひと休みしてもいいということです。


僕がアメリカやイギリスで大学院生をしていたとき、まわりには30代、40代、50代の学生さんがいました。いわゆる、マチュアー・ステューデントです。彼らは、仕事や出産、育児、病気など、さまざまな理由で学業を一度リタイアして、また戻ってきていました。

一度やめて、また戻る。

こういう可能性も否定する必要はないと思います。

重要なのは「おもしろい」と思って、ワクワクしていることです。

受験、標本、研究、論文、就職など、研究者として生きていくなかではたくさんのハードルがあります。つらいときや苦しいときもありますが、そこで支えになるのは、自分の関わる研究をおもしろいと思う気持ちです。おもしろいと感じる気持ちさえあれば、たとえいい標本にめぐり会えず、恐竜以外のテーマに関わることになっても、頑張り続けることができます。

研究は一生続くものです。逆に、おもしろいと思えなくなったら、いったん距離《きょり》を置く、という決断《けつだん》も必要でしょう。そして、いつかまた興味が出たら、そのとき戻ればいい。

もちろん、リタイアしてから戻るのは大変です。

研究には、マラソンのようなところがあります。みんなが必死にそれぞれのやり方で走っている。そこで一度リタイアしてから、また走り出すのだから、大変なのはちがいありません。

でも、こうも考えられます。

それは、世代を越えた駅伝のようなもので、みんな一斉《いっせい》にスタートしたわけではなく、ゴールが決まっているわけでもありません。

だから、追いつけないことはない。僕はそう考えています。

広がっていく研究手法

僕は学生時代から大学や大学院に所属し、その仕組みのなかで研究をしてきました。いわば、昔のビジネスモデルで学問を続けてきたといえます。

なぜ、そうしてきたかというと、まわりに同業者がいないと情報《じょうほう》がまったく手に入らなかったからです。僕の学生時代は、論文を読むのも一苦労でした。大学の図書館にはそこの学生でないと入るのも大変でしたし、論文は1ページずつめくってコピーしなくてはいけなかった。コピー機の前で何百日過ごしたかわかりません。何時間もかけてコピーを終えると、その達成感ですっかり読んだような気になったものです。

そういう時代ですから、情報はまず量が重要。質以前の問題で、情報があることが欠かせませんでした。

今はまったくちがいます。最新の論文はほとんどPDFになっているので、世界中どこからでもダウンロードすれば、すぐに読みはじめられます。無料でダウンロードできる論文もたくさんあります。

一方で、情報へのアクセスが容易《ようい》になった分、これまで以上に情報の質が問われるようになってきました。レポートを提出したときに「出典《しゅってん》の不明なウェブの記事は引用しないようにしましょうね」と先生から注意されたことのある学生さんも多いのではないでしょうか。今は、そういう時代です。

このように、情報にまつわる研究環境は激変《げきへん》しました。

では、研究者になるための勉強の仕方、指導《しどう》方法、研究スタイルは時代にあわせて変化したかといえば、どうでしょうか。昔とあんまり変わっていないと思います。メンタリティや考え方、行動が従来《じゅうらい》のままで、あまり進歩していないといわざるを得ません。

おそらく僕たちは、せっかくの情報を活かしきれていないのです。これはものすごくもったいないことです。

たとえば、三次元データの活用です。

以前は「海外で新種の恐竜が出た」と聞いても、論文に載《の》っている図や写真を見るしかありませんでした。詳細を知るためには、標本のあるところに出かけるしかない。

でも、今ならば、三次元のデジタル情報をやり取りすることができます。インターネットでデータを送り、先方で3Dプリンタを使って出力すれば、標本の模型《もけい》をつくることも可能になりました。こうしたテクノロジーの進歩にあわせた学び方、指導法《しどう》があってもいいですよね。

たしかに海外の博物館に出向いて、たくさんの化石標本を実際に自分の目で見ることはとても重要です。それに勝る勉強はありません。また、今は海外旅行もしやすくなっているので、昔にくらべて世界が遠いものでもなくなっています。

しかしその一方で、今は、デジタルでかなりの部分を補《おぎな》うこともできます。いつまでも昔ながらのスタイルに縛《しば》られる必要はないはずです。

大学や大学院にいると、同じ興味や関心をもつ人がたくさんいて、研究がやりやすいのもたしかでしょう。でも、インターネットの普及《ふきゅう》した現代では、それもある程度は越えられる壁《かべ》になってきています。研究内容にもよるので一概《いちがい》にはいえませんが、少なくとも、どこかに所属していないと学問はできないと、あきらめる必要はないのかもしれません。

かつて論文のコピーに費《つい》やしていた時間が、今は自由に使えます。せっかく生まれたその時間を新しいことに活かしたい。新しい時代の研究方法について、僕ももっと考えたいと思います。

21世紀の研究

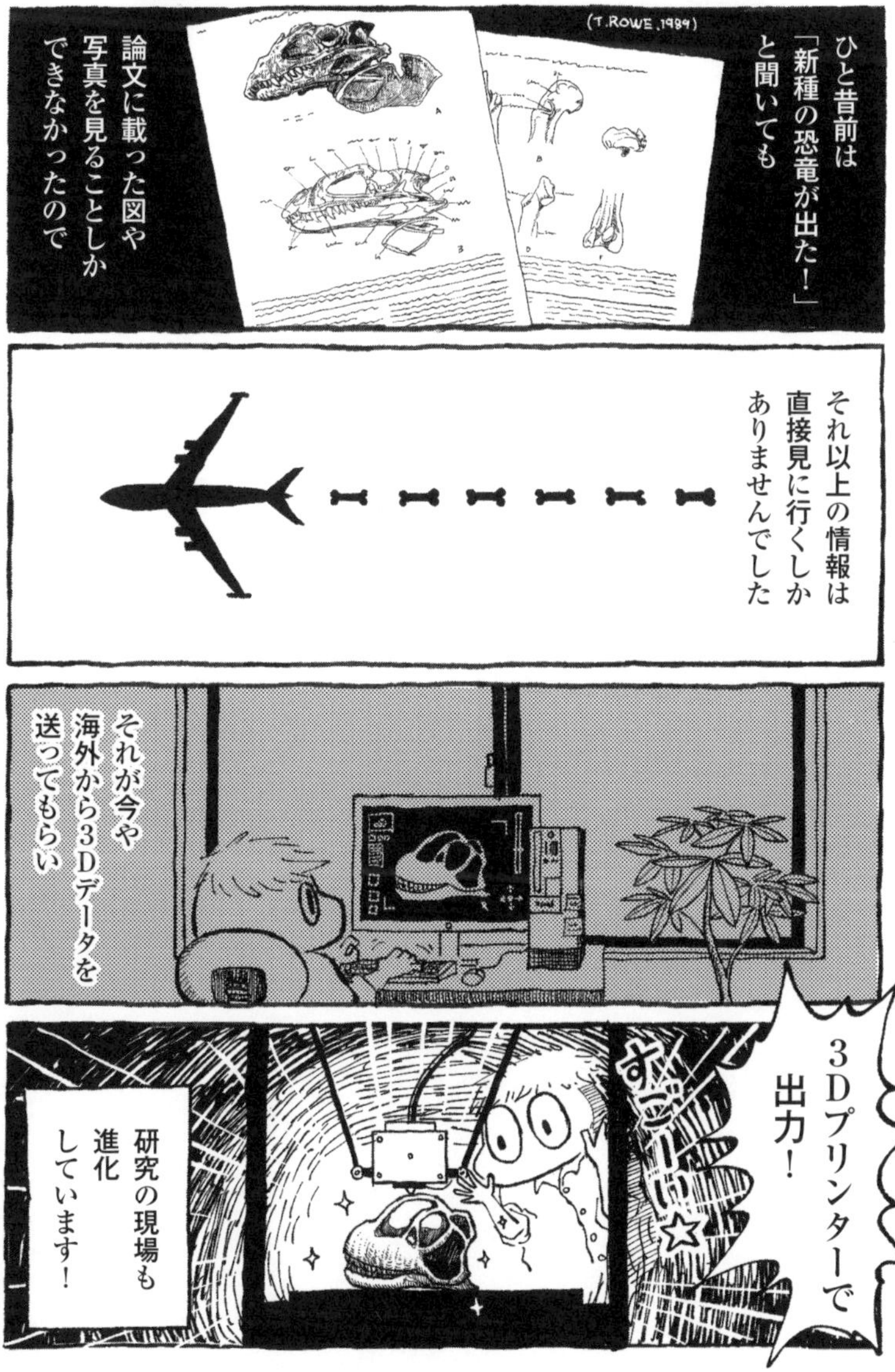
ひと昔前は「新種の恐竜が出た！」と聞いても
(T.ROWE, 1989)
論文に載った図や写真を見ることしかできなかったので
それ以上の情報は直接見に行くしかありませんでした
それが今や海外から3Dデータを送ってもらい
3Dプリンターで出力！
すご〜い☆
研究の現場も進化しています！

化石なのに、未来っぽい☆

第5章

恐竜が僕たちに教えてくれること

恐竜学的タイムスケール

200万年は短い?

恐竜の研究では「○百万年」「○千万年」「○億年」というものすごく長いスケールの時間がたくさん出てきます。

僕も毎日のように使っているのですが、自分が本当にこれだけの時間の長さを実感できているのか、イメージしているのかというと、じつはまったく自信がありません。

2018年6月に、鹿児島《かごしま》県薩摩《さつま》川内《せんだい》市の甑島《こしきしま》で見つかった恐竜について発表した記者会見で、こんなやり取りがありました。

「この恐竜の化石が見つかったのは7000万年前くらいの地層です。恐竜が絶滅《ぜつめつ》して中生代が終わるのは約6600万年前なので、恐竜の終わりに近い時期の恐竜。これまで日本で見つかっ

ているなかでもっとも新しい恐竜は約7200万年前のものでしたから、日本で見つかったものとしては現時点で最後の恐竜ということになります。そういう意味で重要な発見といえます」

すると記者の方からこんな質問《しつもん》をされました。

「7200万年と7000万年は、それほどちがうものなのでしょうか？」

日常《にちじょう》会話なら、200万年を短いと感じることはあまりないと思います。むしろ、とんでもなく長い時間だと思うでしょう。でも、1億年とか7000万年といった数字とくらべると、このくらいは誤差範囲《ごさはんい》と感じてしまうかもしれません。

このときは、次のように説明しました。

「たとえば、人類が出現したのは約700万年前です。700万年前、ヒトとチンパンジーはどちらがどちらか見分けがつかないような状態《じょうたい》でした。そこから進化の枝《えだ》が分かれて、ヒトはヒトらしく、チンパンジーはチンパンジーらしくなっていき、今ではこれだけちがう生き物になっています。たとえば700万年の進化というのは、それぐらいのちがいが生《しょう》じるほどの時間です」

引き合いに出したのが200万年ではなく700万年だったので、適切《てきせつ》なたとえだったかイ

地質学的時間

じゃあ2000万年後は…?

マイチ自信はないのですが、記者の方は納得《なっとく》してくれたようでした。

お伝えしたかったのは、数百万年の進化でもヒトとチンパンジーをこれだけ隔《へだ》てるのですよ、ということです。ですから、数千万年となると相当なことだろうなと思いますよね。実感まではできなくても、ぼんやりと、イメージするくらいはできるのではないでしょうか。

僕たちはゆるやかな変化に気づけない

物事には、長時間のスケールをあてないと見えてこないことがあります。

たとえば、いつも通っている道が整備《せいび》され、若《わか》い木が植えられた。それからも毎日その道を通り、そして何年後かのある日ふと、「あれ？　いつの間にこんなにも生長したのだろう？」と感じる。そんな経験《けいけん》をしたことはないでしょうか。

一刻一刻《いっこくいっこく》、少しずつ変化しているときは意識《いしき》できていなかったことが、長い時間を経て変化が大きくなったことで、ようやく意識できるようになる。このように長いあいだ続くゆるやかな変化を、僕たちは上手に感じ取ることができません。

これを恐竜の絶滅に置きかえてみましょう。

僕たちは現地でその一部始終をリアルタイムで見ていると仮定します。

メキシコに巨大隕石《きょだいいんせき》が落ちたときは、予想もしなかった出来事に驚《おどろ》くことでしょう。北アメリカ南部では、津波《つなみ》や山火事など壮絶《そうぜつ》な大災害《だいさいがい》が起こります。僕たちがもしここにいたら、たとえ危険《きけん》から逃《のが》れられても、かなり怖《こわ》い思いをするにちがいありません。

その後、巻《ま》き上げられた粉塵《ふんじん》が太陽光線を遮《さえぎ》りはじめました。空が暗くなり、平均《へいきん》気温は最大で28度くらい下がります。この状態が少なくとも2年ぐらい続いたと考えられています。

「とんでもないことが起きたな」と僕たちは思うでしょう。生き残るのに必死かもしれませんが、2～3年の変化なら実感できるので「前はもっと暖《あたた》かかったのに」とか「最近は寒さがきびしいね」なんて言っているかもしれません。

そして、さらに年月が過ぎます。数年では足りません。数十年でも難《むずか》しいかもしれませんが、しばらく経ったとき、僕たちのうちの誰かが気づくのです。

「あれ？　以前よく見かけた、あの動物がいつの間にかいなくなっているぞ」

本当は、事態は少しずつ進行していたのですが、実感としては「いつの間にか」としかいいようのない変化です。

さらに消えていく動物はどんどん増《ふ》え、やがて恐竜がいなくなり、見たことのない動物が地上を闊歩《かっぽ》するようになります。これは数十年レベルのタイムスケールでは意識できない変化です。もし僕たちがこの時代にいて、何百万年も生きることができたのなら「中生代は終わったんだね」なんて思うのかもしれません。

僕たち人間が実感できるのは、その瞬間瞬間《しゅんかん》で起きていることや、せいぜい数年から数十年の単位の出来事までです。

ゆるやかな変化については気づかず、数十年経ってようやく、大きく変化していることに気づけたりする。もっとグローバルな変化である「生き物の世界が変わる」といったことを確認《かくにん》するためには、数万年、数十万年、数百万年という時間が必要です。

これを明らかにするのが地質学や古生物学で、こういうタイムスケールを「地質学的時間」とよぶこともあります。

2011年、僕たちは未曽有《みぞう》の大災害を経験しました。

3月11日から1週間、2週間、1ヶ月、数ヶ月、1年……。

瞬間瞬間にいろいろなことがあり、いろいろな人たちがいろいろな立場でいろいろな思いを浮《う》かべ、いろいろな変化を実感してきました。

あれから8年が過ぎましたが、しかし、僕たちが認識できていない変化も何か起きているのかもしれません。

数十年、数百年、数千年、数万年というスケールでしか見えてこないもの、乗り越えられないものもあるのだろうと思います。

じわじわ終末

それは一瞬の出来事ではありませんでした。
隕石衝突で舞い上がった塵が太陽を覆い隠し、暗くて寒い期間が数年続きました。
……
天変地異のせいで恐竜たちも生き残るのに必死だったでしょう
さらに何十年も経ってようやく気づきます。
?
あれ
そういえばめっきり恐竜が減ったような
生き残った哺乳類が隆盛するのはさらに何百年もあとのお話
いつのまにかケモノばかりになったのう
人生がそれくらい長ければ地質学的な時間の流れも実感できるかも？
アイシノテリウム

コラム

ならんだ0の向こうに

時間といえば、ひとつ雑談《ざつだん》を。

バージニア・リー・バートンさんの名著《めいちょ》『せいめいのれきし』（原題『LIFE STORY』）という絵本があります。僕が3才のときにアメリカで出版《しゅっぱん》された古い本（1962年刊。日本では石井桃子訳で1964年刊）ですが、数年前に改訂版《かいていばん》が出版され、その日本語版の監修《かんしゅう》を担当《たんとう》させてもらいました。

地球は今から約46億年前にできたと考えられています。ところが、本を見ると「およそ4，560，000，000ねんまえ」と書いてある。これは読みづらいだろうと思って、僕は監修の立場から「45億6千万年前」と訂正したほうがいいのではと意見を言いました。

すると、東京子ども図書館の人たちが、意外なことを教えてくださいました。

この本の読み聞かせをすると、子どもたちがこの「0」を喜んで数えるのだそうです。「ここはそのままにするのがいいと思いますよ」と聞いて、納得しました。

子どもたちは、ならんだ「0」の向こうに途方《とほう》もない時の長さを感じているのかもしれません。

4560000000年前

恐竜が僕たちに教えてくれること

そして、どこにもいなかった

人類は、生物の絶滅という概念《がいねん》に長いあいだ気づくことができませんでした。

その一例がドードーです。インド洋に浮かぶモーリシャス島には、かつてドードーという名前の飛べない鳥たちが棲《す》んでいました。16世紀に発見されたあと、数が減っているとか、最近見かけなくなっている、という情報《じょうほう》はあって、そのことは世界中で知られていたといいます。

でも、彼らが地球上から消えてしまっていることにはなかなか気づけませんでした。

モーリシャスにしかいない種であれば、そこにいなければどこにもいないのは当然です。でも、ほかの島や大陸にいれば絶滅ではありません。というわけで、人間は長いあいだ「どこかにいるだろう」と思っていた。そして、気づいたときには、もうどこにもいませんでした。

生物の絶滅は、生命の歴史《れきし》のなかでは、太古の昔から繰《く》り返し起きてきたことでもあります。長いタイムスケールでみれば、生物の栄枯盛衰《えいこせいすい》のひとつの出来事にすぎません。

ただ、今この地球で起きているさまざまな生物の絶滅危機は、その原因の多くが人間の行なう活動にあって、しかもその変化の速度が数十年レベルでわかるほど速いのです。地球の温暖化や、森林や海洋の開発などにより、生物種の多様性がどんどん下がっていると指摘《してき》されています。

最近では「絶滅危惧種《ぜつめつきぐしゅ》」という言葉が浸透《しんとう》して関心をもつ人も増えましたが、種の絶滅をきちんと観察するためには、全世界的なモニタリングを徹底《てってい》しなければいけません。これは簡単《かんたん》なことで

ドードー
16世紀末、モーリシャス島で発見された飛べない鳥。その後、乱獲や入植者が持ちこんだ動物の影響などで、発見から100年もたたずに1680年までに絶滅したとされる。

はありません。

この問題が難しいのは、生物の絶滅も、地球の温暖化《おんだんか》も、人間が生きている通常のタイムスケールでは捉《とら》えきれない現象《げんしょう》だというところです。

温暖化が広く知られるようになったのも、数十年単位で上昇《じょうしょう》が確認できるほど極端《きょくたん》になってからでした。こうしたデータが示されたことでようやく実感できるようになったのです。

地球温暖化がこのまま進めば、生物の多様性はさらに脅《おびや》かされると考えられます。

ある日、ふと「あの昆虫を見ないね」「そういえば、あの花も見ないな」と気づいて、よく調べたらいなくなっている。そういうことは簡単に起こります。

僕たち人間は、下々の生物はいなくなっても人類は大丈夫であるとなんとなく思っているところがあります。

けれど、そんな保証《ほしょう》はどこにもありません。生物のバランスが崩《くず》れたとき、何が起こるか。楽観できる要素《ようそ》はまったくないのです。

第6の大量絶滅

「恐竜なんて研究していて、いったい何の役に立つの？」
「子どもに学ばせる意味はありますか？」

そんな質問を受けることがたまにあります。

世の中には「すぐに役立つことが大切」と考える人はやっぱりいるものです。こういった質問に対しては、たとえば基礎《きそ》科学の大切さだったり、たとえば学問のあるべき姿など、話したいことはたくさんありますが、まずは「第6の大量絶滅」についてお話しするようにしています。

大量絶滅とは、ある定義によれば、約200万年以内に生態系の75％以上の種が絶滅してしまう事象《じしょう》のことを指します。地層の調査で、地球上ではこれまでに5回起こっていることがわかっており、直近の第5回目の大量絶滅が、恐竜が絶滅した白亜紀《はくあき》末です。

そして、現在起きている地球温暖化と環境破壊《かんきょうはかい》による生物の多様性低下を、多くの研究者たちは「第6の大量絶滅」として、警鐘《けいしょう》を鳴らしています。

しかし、なかなか危機感は広まらず、本格的な対策《たいさく》はまだ始まっているとはいえません。人間はこうした長いタイムスケールで起こる現象をなかなか認識《にんしき》することができないからでしょう。
恐竜は、長い時間で世界を見るモノサシになる、と僕は考えています。恐竜の絶滅は、グローバルな生物種の変化を知るうえで、参照例になると思うのです。

大量絶滅は、具体的にどのように起こるのか。環境の変化が、生物の多様性にどんな影響をもたらすのか。

恐竜を知ることは、第6の大量絶滅を考える指針《ししん》になります。

たしかに6600万年前は遠い昔ですし、人間と恐竜では事情も異《こと》なるでしょう。しかし、現在起きていることの深刻さを僕たちが客観視するためには、僕たちが日常的に使っている1年、10年、100年というデータからは得られない、数十万年、数百万年のデータを見る必要があるのです。

今起きつつある現象は、そのタイムスケールでなければわからないことなのかもしれません。

「そのとき」人類は……？

恐竜の絶滅は、急激《きゅうげき》な環境変化が生態系《せいたいけい》を激変させることを教えてくれます。あのとき恐竜が滅《ほろ》び、哺乳類や鳥類が生き延《の》びたのは、たまたまでしかありません。

隕石が衝突《しょうとつ》するその瞬間まで、地球環境にもっとも適応《てきおう》し、地上の覇者《はしゃ》として君臨《くんりん》していたのは恐竜のほうでした。哺乳類は彼らに食べられる側で、体も小さな、脇役《わきやく》のような存在にすぎなかったのです。

ところが第5回目の大量絶滅では、そのことが逆《ぎゃく》に作用しました。

巨大な恐竜は環境の激変に適応できずに絶滅し、小型だった恐竜の一部の鳥が生き残ります。小さく、必要なエサの量が少なかった哺乳類も危機をやり過ごすことに成功しました。

そして、哺乳類は地上で存在感を増すようになり、恐竜のいない地上の主役へとのし上がりました。このことは、生態系全体にとっては、さまざまな生物がいることが大切だということも教えてくれています。

人間という生物は、その哺乳類のなかから出てきた存在です。

前回は恐竜でしたが、「第6の大量絶滅」が起きたとき、人間はいちばん影響を受ける立ち位置にいるようにも見えます。

化石は遠い昔を生きた生命の痕跡《こんせき》です。あまりにも遠い記憶ではありますが、だからこそ見えてくること、伝えられることがあるのです。

もう始まっている

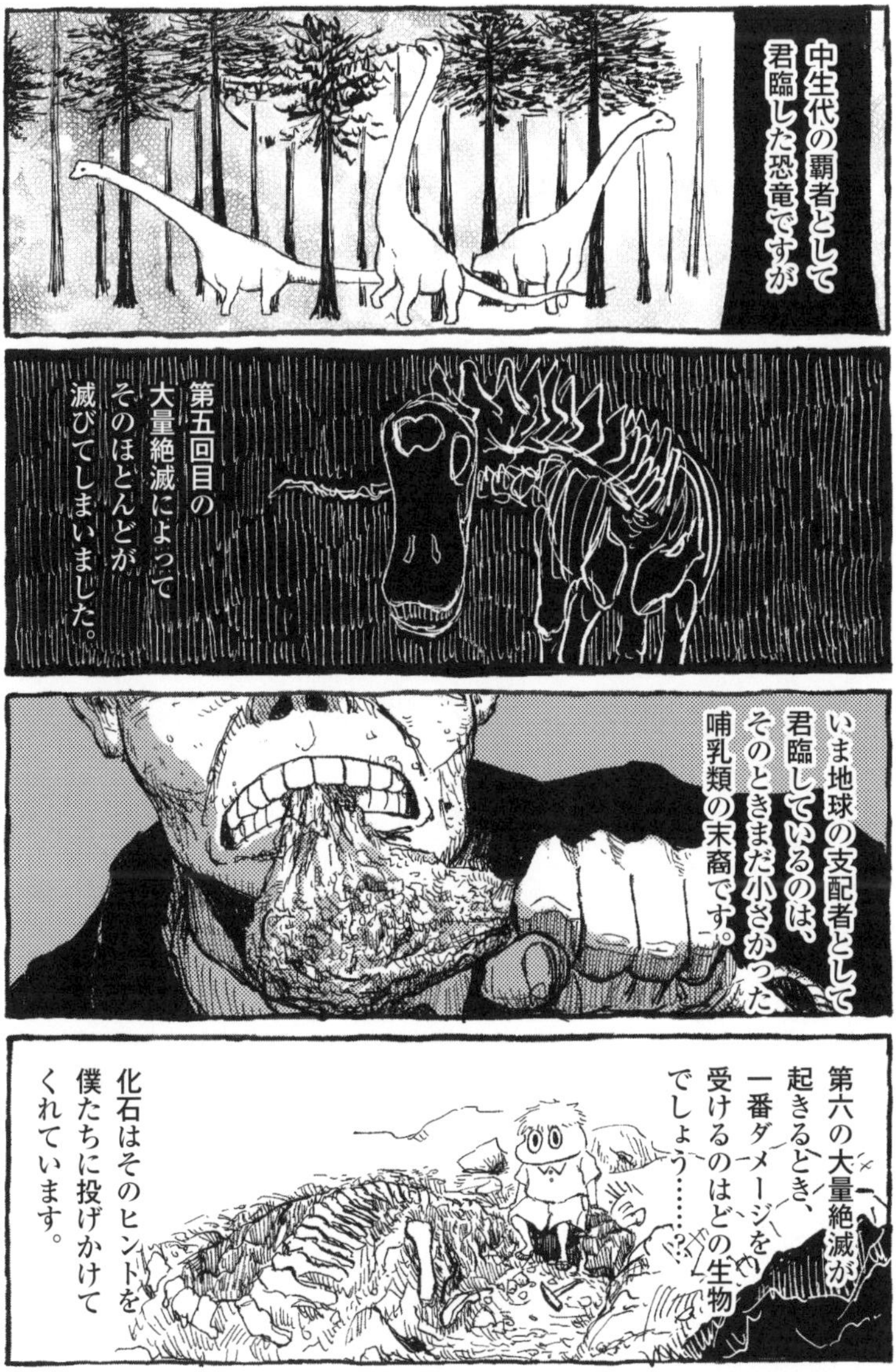
中生代の覇者として
君臨した恐竜ですが
第五回目の
大量絶滅によって
そのほとんどが
滅びてしまいました。
いま地球の支配者として
君臨しているのは、
そのときまだ小さかった
哺乳類の末裔です。
第六の大量絶滅が
起きるとき、
一番ダメージを
受けるのはどの生物
でしょう……?
化石はそのヒントを
僕たちに投げかけて
くれています。

エピローグ

今日もまた、めまぐるしくも愉快な一日が過ぎていく

僕が「恐竜学者」や「恐竜博士」とよばれるようになって、気づけば25年以上が経ちました。数千万年、数億年のスケールとくらべるとほんの一瞬《いっしゅん》ですが、一人の人間の一生にあてはめればそれなりに長い時間です。この間に、恐竜研究の現場も、まわりの環《かん》境《きょう》も大きく変わったなと思います。技術《ぎじゅつ》の進歩もあり、研究のやり方も幅《はば》が広がって、新たな発見もたくさんありました。

しかし、それでも、恐竜はまだまだ謎《なぞ》だらけです。知りたいこと、理解したいこと、僕たちが抱《かか》える宿題は減《へ》るどころか、どんどん増《ふ》えていると感じます。

幸いにも、恐竜はとても人気があります。

僕がキャリアをスタートさせたころは、国内に恐竜を一緒に研究する仲間はあまりいませんでしたが、今は優秀《ゆうしゅう》な研究者がたくさんいますし、ほかの分野の調査《ちょうさ》研究手法を恐竜に応用《おうよう》したりする方、恐竜の研究を取材・広報したり、恐竜をモチーフに絵を描いたり、模型を造ったり、文章を書いたりしている方など、多くの仲間ができました。「恐竜を研究したい」「恐竜に関わる仕事がしたい」と思ってくれている、「小さな恐竜博士」たちの存在も頼《たの》もしいです。

これからの恐竜学に、僕ができることは何だろう。

それを考えることも、ここ数年の課題になりました。恐竜のことをみなさんに知ってもらう、楽しんでもらう活動も大切な仕事です。それらを通じて、日本中、世界中の人たちと「恐竜学」を発展《はってん》させられたらいいですよね。

しかし、やはりいちばん大切にしたいのは、謎解きの続きです。

恐竜学をみなさんと共有することは、これからの恐竜学の発展に欠かせないことだと思う一方で、それに関わる活動や事務的《じむ》なことが増えると、ついそれらに追われて一日が終わってしまうことも多く、それはちょっとしたジレンマでもあります。

しかし、そのような活動ができるのも「研究」という軸《じく》をしっかりさせてこそ。

これからも新たな発見やニュースをお届《とど》けできるよう、「恐竜学」に向き合っていきたいと思っています。

研究、発掘調査《はっくつちょうさ》、展示《てんじ》、講演《こうえん》、取材、トーク、研究、展示、研究、研究……。

こうして、恐竜とのワクワクする日々は、めまぐるしく過ぎていくのです。

めまぐるしくも愉快な日常

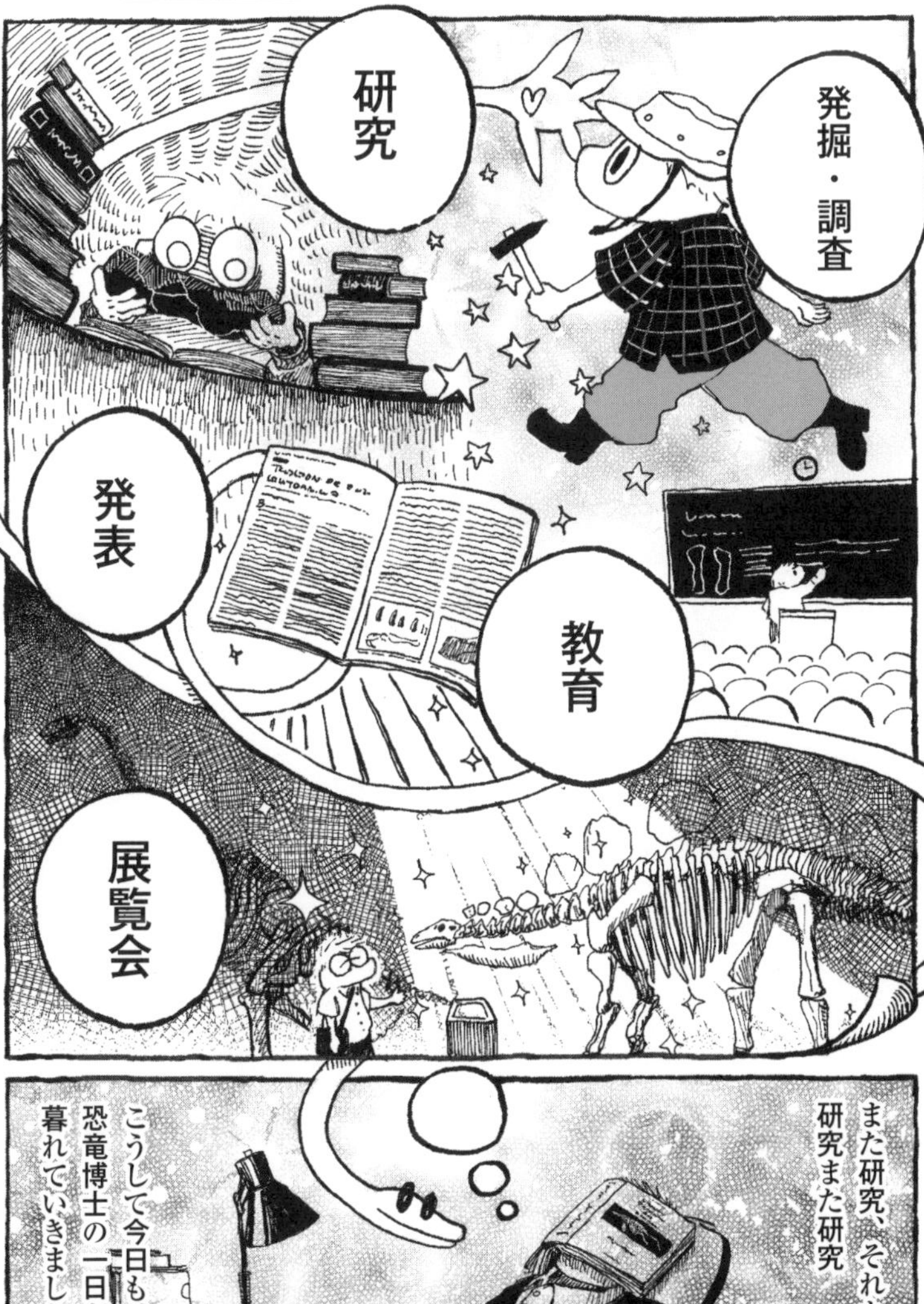
また研究、それから研究また研究
こうして今日も、恐竜博士の一日が暮れていきました。

あとがき

国立科学博物館では、土日、祝日に、ディスカバリートークという研究者によるトークが行なわれます。時間は毎回30分ほどで、それぞれの研究者が研究や博物館に関することを自由にお話しします。展示《てんじ》室で関連する展示を見ながらお話しする形式もあれば、講義《こうぎ》室で画像《がぞう》や映像などを使ってお話しする形式もあります。当番制で、各研究者は年4回程度、トークを実施《じっし》していま す。僕の場合は、「最新恐竜学」といったタイトルで、講義室でお話しすることが多いです。前回のトークからその日のトークまで、数ヶ月の間に発表された最新の研究を展示に照らし合わせて紹介《しょうかい》するようにしています。トークの数日前に『サイエンス』や『ネイチャー』などに発表された研究や、新聞やテレビで報道《ほうどう》されたばかりの内容を解説《かいせつ》することもあります。

本書の執筆《しっぴつ》が佳境《かきょう》を迎《むか》えていた2019年5月25日のディスカバリートークでは、5月9日にネイチャー誌に発表されたアンボプテリクスという新種の恐竜の論文《ろんぶん》について解説しました。アンボとはラテン語で「両方」、プテリクスとは「翼《つばさ》」を意味する学名です。体に羽毛、翼に飛《ひ》膜《まく》をもつことからそのように名づけられました。このトークには、ブックマン社で本書を担当《たんとう》してくれた藤本淳子さんと、イラストレーターのかわさきしゅんいちさんも参加してくれました。

じつは、コウモリのような飛膜の翼をもった恐竜は以前にも報告されたことがありました。2015年に報告《ほうこく》された、「変な翼」という中国語に由来するイー・チーという名前の恐竜です。イーは前半身しか化石が見つかっていなかったのですが、今回のアンボプテリクスはほぼ全身の化石が見つかったことで、飛膜をもった恐竜の全身像がようやく明らかになりました。

ご存知《ぞんじ》のように、現生種には飛膜の翼をもった鳥はいません。このことから、飛膜は鳥類に継承《けいしょう》されず、絶滅《ぜつめつ》してしまったと考えられます。そのことについて、「なぜ飛膜は絶滅してしまったのですか?」との質問《しつもん》がありました。私は、羽毛にくらべると飛膜のほうが重かったと考えられるので、羽毛だけが残った可能性《かのうせい》があることをお話ししました。しかし、それは現生の鳥類に飛膜のものがいないから、あくまでもその確率《かくりつ》が高いということにすぎません。新しい化石が発見されたら、それまでの仮説《かせつ》がひっくり返ることもあるかもしれません。

僕は、科博で行なうトーク以外にも、全国各地に講演会に伺《うかが》ったりしますが、その際、参加者のアンケートを読ませていただくことがあります。そのなかに、「恐竜の学説はしょっちゅう変わってしまい、研究者や恐竜研究を信用できない」というご意見を目にすることもあります。年配の男性に多いご意見のようです。せっかく勉強したのに、変わってしまうのは困《こま》るというのです。また、最近増えている質問は「自分が夢をかなえて、恐竜学者になったときにやることは残っているのでしょうか?」という小学生からのものです。僕は「現在、正しいと考えられている恐竜の学名は1100種ぐらいです。現代の地球には鳥類だけで約1万1000種、哺乳類《ほにゅうるい》は約6400種が生息しています。三畳紀、ジュラ紀、白亜紀と1億6000万年以上も繁栄《はんえい》してきた恐竜は、数十万種はいたはずだと考えられています」とお話しします。そして「恐竜について、人類はまだ氷山の一角程度しかわかっていません」と申し上げるようにしています。恐竜はまだ謎《なぞ》だらけで、「恐竜学」の世界では、今も日々、驚《おどろ》きや発見があるのです。そしてそれは、この先もしばらく続くでしょう。なので、将来《しょうらい》を案じる小学生の質問者たちには「(余計《よけい》な)心配をしなくていいよ」と心の中でつぶやいています。

この本は、ライターの南雲つぐみさん、古田靖さんにお手伝いいただきながら、真鍋の幼少期から古生物学者になるまで、そして「科博の恐竜博士」としての日々のことをエッセイにまとめたものです。また、イラストレーターのかわさきしゅんいちさんには、恐竜たちの復元画《ふくげんが》のほか、講演会の聴衆や参加者の発言、反応なども参考にしながら、私のエピソードをもとに漫画を描いていただきました。本書をすてきなデザインに仕上げてくださったのは、GR・iDの釜内由紀江さん、井上大輔さんです。そしてこの本を企画して、細やかに編集してくださった藤本淳子さんがいたからこそ、この本が形になりました。この場をお借りして、心よりお礼申し上げます。

また、僕がみなさんの前でニコニコとお話しできるのは、多くのプロジェクトで一緒に活動してくれている、對比地《ついひじ》孝亘《たかのぶ》さん（国立科学博物館地学研究部・研究主幹）や坂田《さかた》智佐子《ちさこ》さん（国立科学博物館標本資料センター・技術補佐員）たちがいてくれるからです。

これまでにお世話になった先生、先輩、同級生、後輩たち、研究者のみなさんのご研究についても、ごく一部ですが本書のなかで紹介させていただきました。みなさんのご研究の本質を真鍋が理解していなくて、まちがった解説になってしまっている部分があるかもしれません。その場合は、大変申し訳ありません。みなさんとの出会いと交流に感謝《かんしゃ》しながら、本書を終えたいと思います。みなさん、ありがとうございました。

2019年6月　真鍋 真

真《ま》鍋《なべ》 真《まこと》

1959年、東京都生まれ。横浜国立大学教育学部卒業後、米イェール大学大学院修士課程、英ブリストル大学大学院博士課程修了。PhD。国立科学博物館地学研究部研究官を経て、現在は国立科学博物館標本資料センター・分子生物多様性研究資料センター・センター長。理学博士、古生物学者。専門は爬虫類・鳥類化石。著書に『深読み!絵本「せいめいのれきし」』(岩波書店)、共著に『大人のための恐竜教室』(ウェッジ)などがある。ほかに、恐竜の本や図鑑の監修、博物館展示や展覧会、イベントの監修多数。

田中健一

恐竜博士のめまぐるしくも愉快な日常

2019年7月26日　初版第一刷発行

著　者　真鍋 真
絵・漫画　かわさきしゅんいち

ブックデザイン　釜内由紀江 (GRiD)
井上大輔 (GRiD)
編　集　藤本淳子
編集協力　南雲つぐみ
古田 靖

印刷・製本　凸版印刷株式会社

発行者　田中幹男
発行所　株式会社ブックマン社
〒101-0065　千代田区西神田3-3-5
TEL　03-3237-7777　FAX　03-5226-9599
https://bookman.co.jp/

ISBN　978-4-89308-918-2